わかりやすい! まとめやすい!

小学生の自由研究

永岡書店

自由研究のすすめ

研究っておもしろい！

ガリレオ工房のメンバーは、「科学の楽しさをすべての人に」という合言葉で、毎年たくさんの実験の開発研究をおこなっています。開発は、いつまでに何をという約束のない自由な研究ですが、毎月いくつもの新しい実験が集まり、楽しい研究会になります。

みんな楽しいので研究を続けているのです。開発した実験に関する実験教室を開いたり、本を書いたりもしています。

今回は、その楽しさをみなさんにも知ってもらおうと、自由研究のしかたを紹介するこの本をつくりました。

研究とは、新しい発見をするために工夫することです。この本にのっているものをそのままやってみることで、研究の入口まで確実にいけます。でも、そこから工夫することが、本当の研究の楽しさなのです。

大変だと思うかもしれませんが、この本には工夫のためのヒントがたくさん書かれています。中には少し時間のかかるものもありますが、努力すれば必ず自分が見つけた発見にたどり着くことができます。

科学はたくさんの人の研究のうえに、次の人が新しい研究を切り開くことで発展してきました。

みなさんにも、その仲間になってもらえればと思います。

NPO 法人ガリレオ工房理事長
滝川洋二

もくじ

実験

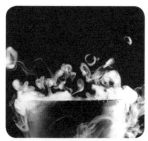

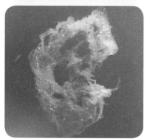

観察 🔍

工作 ✂️

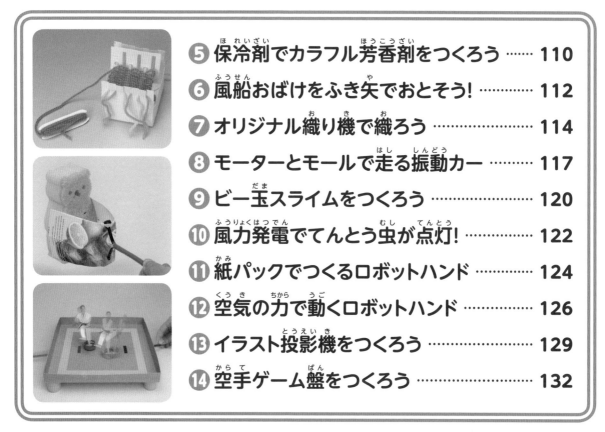

調査

自由研究のテーマ45 ／おうちのかたへ …… 151

ニャノダハカセ

みのりちゃん

研太くん

この本の使いかた

この本は、実験・観察・工作・調査の4つのテーマに分かれた自由研究を紹介しています。それぞれの内容とやりかたは下のように解説していますので、興味のある自由研究が見つかったら、よく読んで楽しくチャレンジしましょう。

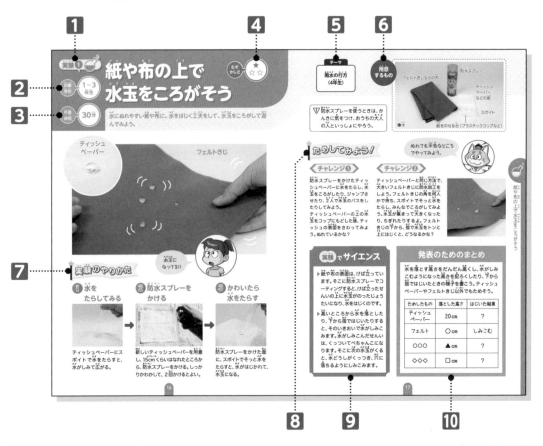

1 実験・観察・工作・調査のいずれかを表しています。

2 おもな対象学年を表示していますが、必ずしもこの学年でないとできないというわけではありません。

3 自由研究にかかる時間。材料の準備や結果のまとめにかかる時間は入っていません。

4 ★………家にある道具や材料を使って、大人の手を借りずに一人でできます。
　★★……材料を買いそろえたり、大人に手伝ってもらったりする場合があります。
　★★★…専門店などで道具や材料を買いそろえたり、大人に手伝ってもらったりする必要があります。

5 関連する科学の知識や用語と習う学年を紹介しています。

6 はじめに用意するとよいもの。ハサミ、カッター、定規など、よく使う道具は書いていないこともあります。「ためしてみよう！」で使うものはふくまれていません。

7 自由研究を進める手順を説明しています。

8 紹介している自由研究の応用。自分だけの発見をするためのヒントにもなるので、ぜひチャレンジしてください。

9 この自由研究からわかることを少しだけのせました。自分でも調べてみましょう。

10 発表のためのまとめかたの見本。見本なので「○」や「？」などで書かれているところもあります。

⚠ このマークのあとには、ケガなどをしないための注意点が書いてあります。必ず目を通してください。

自由研究ガイド

自由研究は「自由」というぐらいだから、いろいろなやりかたがあっていいよ。
でも、これから紹介する「科学の方法」を参考にしてやってみてね。

科学の方法

「科学の方法」を使うと、研究の仕上がりがよくなるよ。そして、頭を使うから、とても勉強になるはずだ。また、ほかの場面でも同じ方法を使って考えたり、たしかめたりすることができるようになるんだ。

1 疑問 「不思議だな」「知りたいな」「どうなるのかな」と思う気持ちをもつ。

2 予想 「こうなるはずだ」「こうすればうまくいくはず」と予想を立てる。

3 実行 実験・観察・工作・調査をやってみる。

4 まとめ 考察 結果を文・絵・表・グラフなどでまとめる。結果からわかったこと、思ったこと、感じたことを、文や絵で表す。

5 発表 まとめたことをみんなの前で発表する。

それぞれの項目について、具体的に見ていこう！

1 疑問 テーマを選ぼう

不思議だと思う気持ちが大事

みなさんは、「不思議だなぁ」と思うことがたくさんあるでしょう。大人より子どものほうが不思議と思える気持ちが大きいんだ。

「不思議だなぁ」と思う気持ちをもち続けるためには、時間をかけて調べること。調べると新しいことがわかるので、楽しくなるよ。楽しくなると、また疑問が生まれてきて、新しいことを知りたくなってくるんだ。

このような習かんのある人は、「不思議だなぁ」と思う気持ちをもち続けられる人で、大人になっても、新しいことをどんどんきゅうしゅうする人になるよ。

知りたいことをはっきりさせよう

研究テーマを選ぶときに、おもしろそうだからという理由だけで選び、「知りたいなぁ」と思う気持ちがないと、研究はあまり深まらないのではないかな？　逆に、知りたいことがはっきりしている研究は、どんどん進められるし、楽しいものに仕上がりそうだね。

この本を見て、「何で？」と強く思ったものを、テーマに選ぶといいよ。

2 予想 見通しをもとう

予想を立てよう

実験や観察では、やる前に予想を立てよう。これは、クイズみたいなものだね。自分で問題を出すんだ。正解したときはうれしいよね。でも、予想と結果がちがったときはチャンスだよ。なぜなら、意外性のある結果は、新しい発見につながる可能性が高いからなんだよ。

計画を立てよう

　かんたんな実験であれば、頭の中で、手順をイメージしておこう。どんな材料が必要で、どのような方法でおこなうのか、どれくらいの時間がかかるのかを考えよう。ふくざつな場合は、ノートに書いておくといいよ。

　テーマによっては、数日かかるものもあるので、結果のまとめにかかる時間も考えて計画を立てよう。

			8月			
日	月	火	水	木	金	土
						1
2 準備	3	4	5	6	7	8
9 観察	10	11	12	13	14	15
16	17	18	19	20	21	22
23 まとめ	24	25	26	27	28	29
30	31					

必要な材料をそろえよう

水そう
ペットボトル
クリップ
輪ゴム
厚紙

　実験や観察に必要な材料が全部そろっているか、確認しておこう。作業のとちゅうで、材料がなくて中断してしまうのは、能率的ではないよね。なるべく家にあるものを使い、使っていいかどうかを家の人に聞こう。

図書館に行こう

　事前に本で下調べをすることは、とても大切だよ。研究で「発見した！」と思ったことが、あとで本に書いてあるのを知ったら少し残念だよね。科学者も、同じように必ず下調べをしてから研究をするんだ。

　本の探し方を図書館の人に教わるといいよ。百科事典を使うのもいい方法だね。いい本が見つかったら借りて、家でノートに書き写すといいよ。

わからないことは大人に相談しよう

　調べてもわからないことがある場合は、先生や家の人に相談してみよう。Webサイトで調べるのもいいけど、サイトによっては、まちがった情報がのっていることもあるので、家の人といっしょに調べるといいね。

③ 実行 やってみよう

 ## 実験や観察、調査は根気よく続けよう

実験や観察はなるべく早くやってしまおうと思わないことが大事だよ。時間をかけることも必要なんだ。特に生き物を育てる場合は、毎日欠かさず観察をしよう。実験も、1回で終わらせず、何回かやって、同じようになるか、平均を調べるといいよ。

手順を守ってていねいにやろう

実験は手順を守って、ていねいにやろうね。ただまぜるという作業でも、乱暴にまぜたときと、そっとまぜたときとでは、結果がちがってくることもあるんだ。科学者もここは結果に左右すると思ったときは、しんちょうに作業をおこなうんだ。だから、みんなも科学者になったつもりで、ここぞというときは特にていねいに作業しようね。

しっかり記録をとろう

調べたことは、正確に記録することが大切だよ。結果だけでなく、気温や天気なども記録しておくと、あとでまとめるときに役に立つことがあるよ。あらかじめ、表などをつくって、書きこめるようにしておくといいね。

写真や動画でも記録しよう

写真や動画も活用しよう。写真は、事実をきちんと記録してくれるし、そのとき気づかなかったことにあとで気づくこともできるよ。結果をまとめるときに、何の記録かわからなくならないように、日にちや番号をつけて整理しよう。

条件をそろえて、何かと何かをくらべてみよう

何かと何かをくらべて、結果にどんなちがいが出るかを調べたいときは、くらべること以外の条件は同じにしないといけない。

たとえば、光が種の発芽におよぼすえいきょうを調べるときは、光を当てるものと当てないものをくらべるよね。そのとき、温度や水の量は同じにしておかなければならないよ。

安全にも気をつけよう

実験などをするときは、安全にも気をつけよう。火や薬品、カッターや包丁を使うときは、ケガに気をつけて家の人といっしょに使おう。川や池などに行くときや、夜に観察をおこなうときは、必ず家の人といっしょに出かけよう。

4 まとめ・考察 結果をまとめよう

 ## 結果のまとめかたに注意しよう

　ありがちなのは、「結果」と「考察（考えたこと）」がまざってしまうまとめかた。そうなると、何が事実で、何が考えたことなのかがわかりにくくなってしまう。結果のらんには、実際に起こった事実を書こうね。

 ## 表やグラフにまとめよう

　結果は文で書いてもいいけれど、表にまとめることができれば、少ないスペースですむし、あとでおたがいの関係性を探るのにとても便利。グラフにできるものはグラフにすると、さらにわかりやすくなるね。

 ## 見やすくまとめよう

　まとめかたには、いろいろな方法があるよ。研究テーマによって、もっともわかりやすく伝わる方法を選ぼう。

もぞう紙にまとめる

　大きな字で見やすく書こう。たくさんの字を書くことができないので、短い文や表でまとめることが大切。ぱっと見て、研究の全体がわかる利点があるよ。

絵日記やスケッチブックにまとめる

　研究した順に毎日、少しずつ書き進めることができるよ。絵をたくさんかくときには便利。観察記録に適しているよ。写真をはって、まとめてもいいね。

レポート用紙にまとめる

　本で調べたことなどを加えて書くのに適しているよ。書き直したり、順序を変えたりしやすい。本格的な研究に適しているよ。

工作品をつける

　工作品や標本をつくった場合は、実物を持っていって見せよう。実際に動かしてもらったり、かんたんなものなら、いっしょにつくってみてもいいね。

もぞう紙にまとめるときのポイント（例）

研究しようと思った理由	きっかけ、不思議に思ったこと、やってみたいこと、知りたいことなどを書く。
研究の方法	実際にやった順番どおりに書く。実験に使った材料や道具のことも書く。
研究の結果	ものの様子の変化、形、計ったことなどを、正確に書く。絵をかいてもよい。
わかったこと	結果から考えられること、予想とちがったこと、おどろいたこと、もっと知りたいと思ったことなどを書く。
参考にした本	本の名前、ページ、著者名、出版社名を書く。参考にしたホームページや、見学した場所があれば、それも書く。

たくさんの光で光合成が活発になるか調べる

〇年　〇組　名前〇〇〇〇

研究しようと思った理由

●植物は酸素を出してくれるのは知っていたけれど、それを見てみたいと思ったから。
●酸素が出るにはどれくらいの強さの光が当たればいいか調べようと思ったから。

研究の方法

1. 3つの同じコップに水100mL、はく息30秒間、オオカナダモの葉10枚を、順番に入れた。息はストローでふきこんだ。
2. アルミはくを半分まいたもの、4分の1まいたもの、まかないもので、日に当てて観察した。

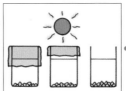

研究の結果

光の当たり具合を変えたときの葉のうく枚数（枚）

	半分まき	4分の1まき	まかない
5分後	0	0	1
10分後	0	2	5
15分後	1	4	7

わかったこと

●光がたくさん当たるほど、たくさん葉がういた。
●水の温度もあがっていたので、光のことだけを調べたことにはならなかった。
●アルミはくをまかなかったコップでは、葉から細かいあわがたくさん出ていて、それが酸素なのかなと思った。

参考にした本

『小学生の自由研究』、p〇～〇、ガリレオ工房 編著、永岡書店

タイトルは見やすい大きさで書く。研究の中身がある程度わかるような題名をつける。

それぞれに見出しをつける。ペンの色を変えて書くと見やすくなる。

文では書きにくいことがあるはず。絵や写真があると、とてもわかりやすくなる。

図や表には、題をつけよう。数字を書くときには数字の単位を書き忘れないように。

5 発表 みんなにわかりやすく発表しよう

発表の工夫をしよう

実際に使ったものや、つくったものを見てもらおう。小さいものや写真は、まわしてみんなに見てもらうといいね。

実験の場合は、少しだけ実演すると、発表がわかりやすくなるよ。

もぞう紙で発表する場合は、指し棒で示しながら発表するといいよ。

大きな声で発表しよう

顔をあげて発表しよう。もぞう紙に書いてあることを読みあげるのではなく、手にメモをもってみんなに向かって話すといいよ。

スケッチブックの場合は、めくった裏に、話すことを書いておくといいよ。ただし、スケッチブックで顔をかくさないようにしよう。

元気よく発表するためには、何回か練習しておくことが大切。家の人に聞いてもらうといいね。なれてきたら、何も読まずに話す練習もしてみよう。

みんなからの質問にこたえよう

発表が終わったら、みんなの質問や意見を聞こう。質問には、わかりやすく答え、わからないことには、あとで調べて答えよう。みんなの意見は、次の自由研究の参考になるよ。

実験

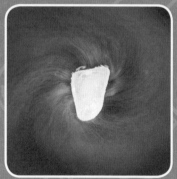  

☞ 実験をやるときに気をつけること

● 実験の目的をはっきりさせ、結果も予想しておこう。

● 実験に必要なものをあらかじめ準備しておこう。

● 実験が中断しないように手順を確認して、作業はていねいに行おう。

● 実験の結果はありのままを記録しよう。

● 実験の結果がなぜそのようになったのか、自分の考えをまとめよう。

● 実験で使うものをむやみに口や目などに入れないこと。

● 薬品を使う実験では、メガネをかけて目を守ろう。

紙や布の上で水玉をころがそう

水にぬれやすい紙や布に、水をはじく工夫をして、水玉をころがして遊んでみよう。

ティッシュペーパー

フェルトきじ

水玉になってる!!

実験のやりかた

① 水をたらしてみる

ティッシュペーパーにスポイトで水をたらすと、水がしみて広がる。

② 防水スプレーをかける

新しいティッシュペーパーを用意し、15cmくらいはなれたところから、防水スプレーをかける。しっかりかわかして、2回かけるとよい。

③ かわいたら水をたらす

防水スプレーをかけた面に、スポイトでそっと水をたらすと、水がはじかれて、水玉になる。

雨水の行方（4年生）

用意するもの

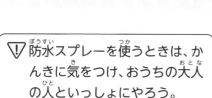

- フェルトきじなどの布
- 防水スプレー
- ティッシュペーパーなどの紙
- スポイト
- ●水
- 紙をのせる台（プラスチックコップなど）

> ⚠ 防水スプレーを使うときは、かんきに気をつけ、おうちの大人の人といっしょにやろう。

ためしてみよう！

> ぬれても平気なところでやってみよう。

チャレンジ❶

防水スプレーをかけたティッシュペーパーに水をたらし、水玉をころがしたり、ジャンプさせたり、2人で水玉のパスをしたりしてみよう。
ティッシュペーパーの上の水玉をコップにもどした後、ティッシュの表面をさわってみよう。ぬれているかな？

チャレンジ❷

ティッシュペーパーと同じ方法で、大きいフェルトきじに防水加工をしよう。フェルトきじの角を何人かで持ち、スポイトでそっと水をたらし、みんなでころがしてみよう。水玉が集まって大きくなったり、ちぎれたりするよ。フェルトきじの下から、指で水玉をトンと上にはじくと、どうなるかな？

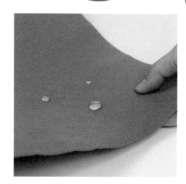

紙や布の上で水玉をころがそう

実験でサイエンス

▶ 紙や布の表面は、けば立っています。そこに防水スプレーでコーティングすると、けば立ったせんいの上に水玉がのったじょうたいになり、水をはじくのです。

▶ 高いところから水を落としたり、下から指ではじいたりすると、そのいきおいで水がしみこみます。水がしみこんだせんいは、くっついてぺちゃんこになります。そこに次の水玉がくると、水どうしがくっつき、穴に落ちるようにしみこみます。

発表のためのまとめ

水を落とす高さをだんだん高くし、水がしみこむようになった高さを記ろくしたり、下から指ではじいたときの様子を書こう。ティッシュペーパーやフェルトきじ以外でもためそう。

ためしたもの	落とした高さ	はじいた結果
ティッシュペーパー	20cm	？
フェルト	○cm	しみこむ
○○○	▲cm	？
◇◇◇	□cm	？

パタパタマシン・オリンピック

実験② むずかしさ ★☆☆

対象学年 1〜4年生

所要時間 30分

風で動くおもちゃ（パタパタマシン）をつくり、友だちとスピードレースをしたり、おすもうをとったりして、力や重さについて考えよう！

パタパタずもう

土俵

パタパタレース

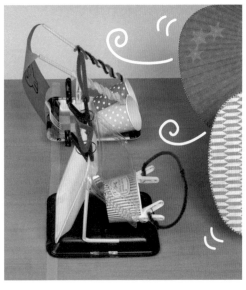

★実験のやりかた

① うちわであおいでみる

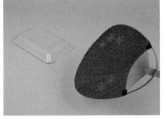

食品トレイに何もつけずにうちわであおぐと、少し進む。

② 紙コップをつける

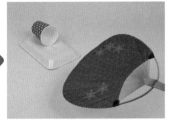

トレイのまんなかに紙コップを取りつけ、いろいろな方向からうちわであおいでみる。取りつける前より、よく進む。

③ 部品を加えていく

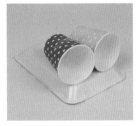

紙コップなどの部品をどのようにつけると、よく進むか考えて、いろいろな部品を取りつけていく。色をぬったり、絵をかいたりしてもいいね。

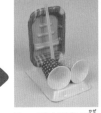

フォークやわりばしで風受けの帆をつくろう。

軽くてうき上がるときは、せんたくばさみのおもりをつけよう。

用意
するもの

うちわ　食品トレイ　色画用紙　紙コップ　ストロー　モール　わりばし　せんたくばさみ　セロハンテープ

●そのほか、部品としてつけてみたいもの

ためしてみよう!

チャレンジ❶

パタパタレース:スタートとゴールの位置を決め、うちわであおぎながら前に進み、友だちや家族と競走しよう!

パタパタはばとび:あおぐ人は動かずに、どれくらい遠くまでマシンを動かせるかな?　曲がらずまっすぐ進むかどうかがポイント。扇風機などを使ってもいいね。

パタパタずもう:床にビニルテープなどをはり、土俵をつくり、その中で2つのマシンを向かい合わせ、後ろをあおぐ。「○グラム～○グラムの間でつくる」などのルールを決めてもいいね。

パタパタマシンには、ある競技には強く、ある競技には弱いなどの特ちょうがあるので、それらの特ちょうを上手に組み合わせて、いろいろなマシンをつくってみよう。

チャレンジ❷

オリンピックの競技を思い浮かべて、いろいろな競技を考え出してみよう。まるいコースを一周するトラック競技や、ジャンプ台をつくってジャンプさせる競技などもおもしろいよ。

パタパタマシン・オリンピック

実験でサイエンス

▶速く進むには、風をのがさずに受け止めるしくみが必要です。図書館などで、帆船(風を受けて進む船)について調べてみましょう。遠くまで進むには、マシンの重さも重要。軽いものほど弱い力で動き、遠くまで運ばれる可能性が高くなります。強い風をつくるためのあおぎかたも大切です。

▶すもうに勝つためにも、重さは大切です。おすもうさんが体重を増やすのは、重いほうが、おされたときに動きにくくなるからです。

発表のためのまとめ

いくつかのマシンを見せながら、どのマシンがどの競技に強いのか、考えられる理由や特ちょうとともに発表しよう(下の表は例だよ)。

マシンのしゅるい	どの競ぎに強いか	理由や特ちょう
	パタパタレース	風をたくさん受けられるように、4つの紙コップをつけてある
	きょり競ぎ	遠くに運ぶために、軽い車体に大きなほをつけてある
	パタパタずもう	重くして、風も多く受けられるようにペットボトルをのせ、カップラーメンのよう器をつけてある

ドライアイスでうずわをつくろう

ドライアイスから出るあわを使って、うず輪をつくろう。
うずわがポンポンと出てくるよ。

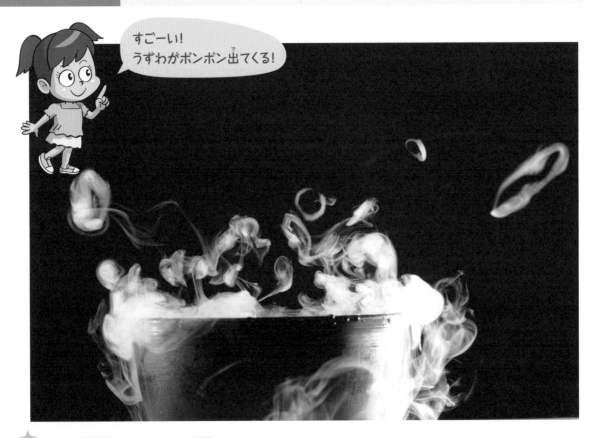

すごーい！
うずわがポンポン出てくる！

実験のやりかた

① ドライアイスを小さくする

ドライアイスを新聞紙（チラシやタオルでもよい）でつつみ、ダンボールの上にのせてハンマーでたたき、2cm角くらいの大きさになるまでくだく。かならずぐん手をはめて、家のゆかやつくえの上ではなく、外でおこなうこと。

② 水の入ったおわんにドライアイスを入れる

5mm

おわんに水を入れておく。おわんのふちから、5mmくらい下まで入れよう。スプーンにドライアイスをのせ、おわんの中にそっと入れる。

用意
するもの

新聞紙　　おわん（黒いトレーでもよい）

サラダ油

ハンマー

ぐん手

ダンボール　　スプーン

ドライアイスのかたまり

●水

> ⚠ ドライアイスは手でさわるとけが（凍傷）をするよ。ドライアイスをつかむときや、たたいて小さくするときだけではなく、ドライアイスをのせたスプーンを持つときも、かならずぐん手をはめよう。

横から見て、うずわが出てくる様子を観察しよう。

③ スプーンで油を入れる

おわんの中から、白いけむりが出てくる。そこへ、スプーンで油をひとさじずつ入れていく。ちょうどよいりょうの油が入ると、あわがはじけたときに、白いうずわがポンポンと出てくる。

ためしてみよう！

30秒間で、何この白いうずわが出てきたか、かぞえてみよう。

〈チャレンジ〉 サラダ油を入れないおわんや、サラダ油のかわりに食器用せんざいを入れたおわんでも、ためしてみよう。出てくるうずわの数や大きさは変わるかな。おわんよりも大きなようきでもチャレンジしてみよう。

ドライアイスでうずわをつくろう

実験でサイエンス

▶ 水に入れたドライアイスは、気体の二酸化炭素にすがたを変えます。まわりの空気中の水分が冷やされ、冷たい白いけむりとして見えるのです。さわってたしかめてみましょう。

▶ あわがはじけたとき、あわの中の白いけむりが一度におし出されることで、わができます。

発表のためのまとめ

おわんの後ろに黒い紙などをおいて、うずわの写真をとろう。結果を表にまとめて、発表するときに、うずわの写真を見せながら、どのようにうずわが出てきたのかを説明しよう。

入れたもの	様子
なし	白いけむりが流れ出る
油 1さじ	うずわ〇こ／分
油 2さじ	うずわ△こ／分
油 3さじ	うずわ□こ／分
せんざい	？

さまよう ドライアイス

ドライアイスを水にうかべると、ふらふらとさまようような、ふしぎな動きをするよ。じっくり観察してみよう。

くるくるとまわってる!

⭐ 実験のやりかた

1 ドライアイスを小さくする

ドライアイスを新聞紙で包み、ダンボールの上にのせてハンマーでたたき、1cm四方で平たくなるようにくだく。軍手をはめて、外でおこなうこと。

2 フライパンに水を入れる

2cm

フライパンに水を2cmくらいの深さになるように入れておく。水を入れたスプーンに、くだいたドライアイスをゆっくりとのせる。

用意するもの

新聞紙　ハンマー
スプーン2こ
軍手
中が黒い フライパン
ダンボール　ドライアイス
●写真撮影用カメラ

けむりの出ている場所や、けむりの出るタイミングに注意してみよう。フライパンのふちにドライアイスがくっついたときは、スプーンでそっと、まんなかにもどすといいよ。

⚠ ドライアイスをあつかうときは、必ず軍手をすること。フライパンは、食器用洗剤で洗ったあとに、水でよく洗い流し、きれいなものを使おう。

③ ドライアイスを水にうかべる

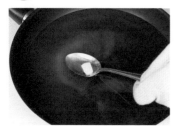

スプーンをゆっくりとフライパンの水面に近づけ、スプーンをそのまましずめるようにして、ドライアイスを水にうかべる。しばらくすると、ドライアイスが白いけむりを出しながら動きだす。

★ ためしてみよう！

チャレンジ

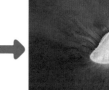

フライパン以外にもガラスのコップやおわん、茶わんなどに水を入れてやってみよう。容器の形や大きさによって、ドライアイスの動きは変わるかな。

実験でサイエンス

▶ドライアイスを水にうかべると、どんどん気化（気体になること）します。気化しやすい場所や、気化した二酸化炭素が出てくるタイミングによって、けむりの出かたが変わります。

▶二酸化炭素を出した向きと、反対の向きにドライアイスは動きます。ロケットが、下に向かってガスを出して飛び立つのと同じです。

発表のためのまとめ

容器をコップやおわんなどに変えたとき、ドライアイスの動きや、けむりの出かたがどう変わったのかを表にまとめよう。写真や絵もつけるとわかりやすいね。
例：だんだんはやくまわる、8の字をえがく、など

よう器	フライパン	ガラスのコップ	おわん
ドライアイスの動き	？	？	？
けむりの出かた	？	？	？

さまようドライアイス

対象学年 **1～3年生**

所要時間 **30分**

むずかしさ ★★☆

いろいろな風でしゃぼん玉を飛ばそう

大きなしゃぼん玉やすごく小さなしゃぼん玉はどうしたらつくれるんだろう。ふく風を変えていろいろなしゃぼん玉をつくってみよう。

小さなしゃぼん玉がすごくたくさんできてる!

直径3mmのストローで息をふくと…

直径6mmのストローで息をふくと…

タピオカストローで息をふくと…

ドライヤーの冷風をあてると…

⭐ 実験のやりかた

1 画用紙を切って輪をつくる

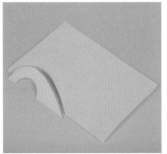

しゃぼん玉づくり用の輪がない場合は、画用紙を半分におって切り取り、輪をつくる。

2 しゃぼん液を用意する

小皿にしゃぼん液を入れる。

用意するもの

ドライヤー
しゃぼん液
しゃぼん玉用の輪、または画用紙
小皿
いろいろな太さのストロー

③ しゃぼん玉をつくる

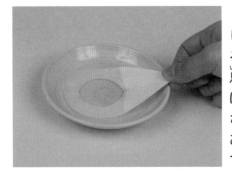

しゃぼん液に輪をひたし、いろいろな太さのストローで息をふきかけて、できるしゃぼん玉の大きさをくらべる。さらにドライヤーの冷風をあてて、どんなしゃぼん玉ができるか調べてみよう。

しゃぼん玉ができにくいときは、PVA入りせんたくのりをくわえてみよう。

いろいろな風でしゃぼん玉を飛ばそう

ためしてみよう！

チャレンジ

ヒアルロン酸入り化粧水に、液体せんざいを入れてしゃぼん液をつくってみよう。手ぶくろをはめた手の上ではずませられるよ。

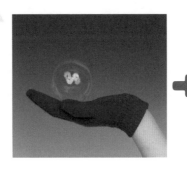

実験でサイエンス

▶すごく細いストローでしゃぼん玉をつくると、ひと息でとても小さなしゃぼん玉がたくさんできます。ストローが大きくなるにつれて、できるしゃぼん玉は大きくなり、数はへります。

▶ふく風の広さによって、できるしゃぼん玉の大きさが変わることがわかります。

発表のためのまとめ

実験の結果を表にしてまとめよう。

	よくできる しゃぼん玉の直けい	ひと息でできる しゃぼん玉の数
直けい3mm	1cm	50こ
直けい5mm	○cm	○こ
直けい8mm	▲cm	▲こ
直けい15mm (タピオカストロー)	□cm	□こ
ドライヤー	10cm	1こ

実験⑥ 青い水が赤く光る？ スピルリナ水

対象学年 **1～3年生**

所要時間 **1時間**

むずかしさ ★★☆

栄養ほ助食品や天ねん色素として使われている植物プランクトンの一種、「スピルリナ」から色素を取り出し、光をあてて観察してみよう。

青い水が赤く光った！

★ 実験のやりかた

① スピルリナをくだく

スピルリナが錠剤の場合は、乳ばち・乳ぼうで軽くくだいて粉末にしておく。

② ろ過の用意をする

プラスチックコップにコーヒードリッパーをのせ、コーヒーフィルターを取りつけたじょうたいで用意しておく。

③ スピルリナ粉末を水に混ぜる

別のプラスチックコップにスピルリナ粉末を入れ、100mLていどの水を加えて軽くかきまぜる。

④ スピルリナ水をろ過する

③のスピルリナ水を、コーヒードリッパーでろ過する。

用意するもの

かきまぜぼう　コーヒードリッパー
プラスチックコップ2こ
乳ばち・乳ぼう（すりばち・すりこぎ）
●水　スピルリナ（錠剤や粉末）　コーヒーフィルター
白色LEDライト

※スピルリナは錠剤1錠（粉末であれば0.2g程度）を使う。薬局などで栄養補助食品として購入可能。

⑤ 白色LEDライトをあてる

できた青色の水に白色LEDライトをあててみよう。色が変化するかな？

スピルリナの青色色素は、ソーダ味のアイスの青色など、身近な食品の着色料としても使われているよ。スピルリナ粉末を水にまぜたあと、早めにろ過すると、きれいな青色の水が取り出せるよ。

ろ過前（左）とろ過後（右）の水

ためしてみよう！

チャレンジ

⚠ ブラックライトを使う場合は、絶対に光（紫外線）を目に向けないようにしよう。

スピルリナの青色色素には、白色の光をあてると赤く光る性質があるんだ。ビタミンB2をふくむエナジードリンクや、キナノキ成分をふくむトニックウォーターに紫外線をあてたときにも、同じような現象が起こるよ。ブラックライト（紫外線ライト）をあててためしてみよう。

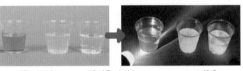

※左の写真はもとの色、右の写真はライトをあてた様子。カップに入った液体は左から、スピルリナ水、エナジードリンク、トニックウォーター。ただし、光らない場合もあるよ。

実験でサイエンス

▶ スピルリナにふくまれるフィコシアニンという青色色素は水にとけやすいので、水にまぜろ過するだけで取り出すことができます。

▶ フィコシアニンは、紫外線や黄色～だいだい色の光をきゅうしゅうすると赤色に光ります。このような、きゅうしゅうした光と別な色の光を出す現象を蛍光といいます。白色の光にも、黄色～だいだい色の光がふくまれているので、赤色の蛍光が観察できます。

発表のためのまとめ

蛍光物質は、紫外線による蛍光が見つけやすく、食べられるものいがいにもふくまれています。ブラックライトを持っていたら、身のまわりのものに紫外線をあてて、蛍光物質をさがしてみよう。

調べたもの	あてたライト	色の変化
スピルリナ水	白色光	青色⇒赤色
スピルリナ水	紫外線	青色⇒赤色
エナジードリンク	紫外線	無色⇒？
トニックウォーター	紫外線	黄色⇒？

青い水が赤く光る？ スピルリナ水

対象学年 **1〜4年生**

所要時間 **1時間**

むずかしさ ★☆☆

パラシュートを飛ばそう

ふだんはあまり感じない空気の力を使って、パラシュートを長い時間飛ばしてみよう。より長く安定して飛ぶのは、どんな形かな?

ふわり

ドライヤーの風でふわりと飛ぶね。

パラシュートのつくりかた

1 紙ナプキンにたこ糸をつける

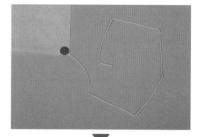

紙ナプキンを広げ、4すみにたこ糸をシールではる。

2 たこ糸をたばねて結ぶ

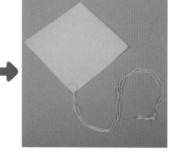

一度紙ナプキンをたたみ、たこ糸の長さがそろうようにたばねて結ぶ。糸の長さがふぞろいだと、うまく飛ばないよ。

3 たこ糸にクリップをつける

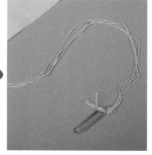

結び目にクリップを1個、セロハンテープではりつける。

風の力
(2・3年生)

用意するもの

セロハンテープ　　紙ナプキン1枚

丸シール4枚

クリップ(大)1～5個

ドライヤー

たこ糸50cm×4本

水切り用ネット(15cm×15cmくらいに切る)

④ ドライヤーを固定する

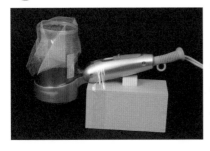

ドライヤーの口をはずし、中にクリップが入らないように、ふき出し口に水切り用ネットをセロハンテープではる。風が上を向くように調整し、台などに固定してパラシュートを飛ばす。

⚠️ ドライヤーを固定するとき、下部にある空気取りこみ口をふさがないようにしよう。

ためしてみよう！

チャレンジ❶

ひもの長さを変えたり、おもり（クリップ）の数を変えたりして、より長く飛ばす工夫をしよう。よく飛ばすには、ひもの長さを、紙ナプキンの対角線の長さの1.5倍ほどにするといいね。

クリップをふやすと…

大きなパラシュートでは、おもりのクリップもたくさんひつようなんだ。

チャレンジ❷

パラシュートをいろいろな形に切ったり、穴をあけたりしてためしてみよう。長方形や三角形でも飛ばすことができるよ。紙ナプキンのかわりにポリ袋でもできるよ。

実験でサイエンス

▶ パラシュートのまん中に穴をあけると、空気の流れが安定し、パラシュートは下からふきつける風の中にとどまろうとします。

▶ 実さいに使われているパラシュートにも、穴があけられています。

発表のためのまとめ

飛んでいる時間を測定して表にまとめ、いちばん長く飛ぶパラシュートや工夫したパラシュートを見せよう。どのパラシュートがよく飛ぶか予想してもらってから実演して見せてもいいね。

パラシュートのちがい	とんでいる時間
糸の長さ30cm・クリップ1こ	?秒
糸の長さ30cm・クリップ2こ	?秒
糸の長さ50cm・クリップ1こ	?分
糸の長さ50cm・クリップ2こ	?分
?	?分
?	?分

実験8

対象学年 **3・4年生**

所要時間 **2時間**

ペットボトルから飛び出す水

むずかしさ ★★☆

「小便小僧」のおもちゃを、ペットボトルを使ってつくってみよう。
中がよく見えるから、しくみを考えるのに最てきだよ!

ピューッ

小便小僧を温めたら、おしっこをしたよ。

実験のやりかた

1 ペットボトルに穴をあける

ペットボトルの下のほうに、画びょうで小さな穴をあける。側面がまがっているので、上向きの穴があけられるところを選ぼう。

2 水を入れる

トレイの上におき、ペットボトルのフタを取り、あけた穴の少し上まで水を入れる。穴から少し水が出ても気にしなくてだいじょうぶ。

用意するもの

● ペットボトル（250〜500mL くらいの、できればホット用）
● 画びょう　●トレイ　●ドライヤー
● 輪ゴム　●牛乳パック

⚠️ おふろ場や台所など、ぬれても平気なところでやってみよう。

③ 小便小僧の絵をとめる

ふたたびフタをして、牛乳パックのうらにかいておいた小便小僧の絵を、輪ゴムなどでペットボトルにとめる。

④ ドライヤーで温める

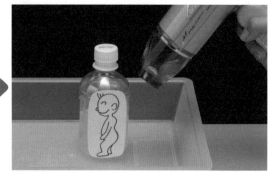

おふろ場や台所にペットボトル小便小僧をもっていき、ドライヤーで温めると、ピューッとふん水のように水が飛び出すよ。

⭐ ためしてみよう！

温めかたや、ペットボトルの大きさを変えると、水の飛びかたはどう変わるかな？

チャレンジ❶

温める温度を変えてみよう。ドライヤーには、温風・冷風（HOT・COOL）のように風の温度を変えられるスイッチがついているね。当てる風の温度を変えると、飛び出す水の様子はどう変わる？

HOT

COOL

チャレンジ❷

冷蔵庫で冷やした水を入れるとどうなるかな？　もっと温度を上げてみたいときは、40℃くらいのお湯をかけてみよう。また、冷たい水をかけるとどうなる？

お湯をかけてみる

冷たい水をかけてみる

⚠️ 熱いお湯を使うときは、やけどに気をつけよう。

ペットボトルから飛び出す水

ペットボトルの大きさを変えると何か変わるのかな？

※ドライヤーの温度と水の量は同じにしておこう。

穴をあけていないペットボトルの口に石けん水でまくをはり、ドライヤーで温めるとしゃぼん玉がふくらむよ。風船を取りつけても楽しいよ！　冷やすとどうなるかな。

実験でサイエンス

▶空気は温めると、その体積（かさ）が大きくなります。体積がふえたペットボトル内の空気は、中に入っている水をおすことになるので、穴から水がいきおいよく飛び出してきます。

▶気球も同じしくみです。気球の中の空気を温めると体積が大きくなり、ふくらんだ空気は、まわりの空気より軽くなるので、気球がうかびあがるのです。

発表のためのまとめ

①温めかたによって、水がどれくらい飛んだのか表にまとめてみよう。

温めかた	水の飛んだ平きんきょり
ドライヤー COOL	0m
ドライヤー HOT	0.4m
ドライヤー HOTターボ	？ m
お湯20℃	？ m
お湯40℃	？ m
お湯60℃	？ m
お湯80℃	？ m

②ドライヤーを使って、みんなの前で実さいに水を飛ばして見せよう。まわりがぬれるので、気をつけようね。

実験 9

しましまジュースをつくろう

むずかしさ ★★☆

所要時間 2時間

水と食塩水はもちろん、同じ量のジュースでも、種類によって重さはちがう。重さのちがいを利用して、しましまジュースをつくってみよう。

テーマ

ものの溶けかた
・重さの保存
（5年生）

用意するもの

とう明なコップ　2個
●水
紅茶
ハガキ
ガムシロップ　2個

紅茶と水が
まざらないのは
どうして？

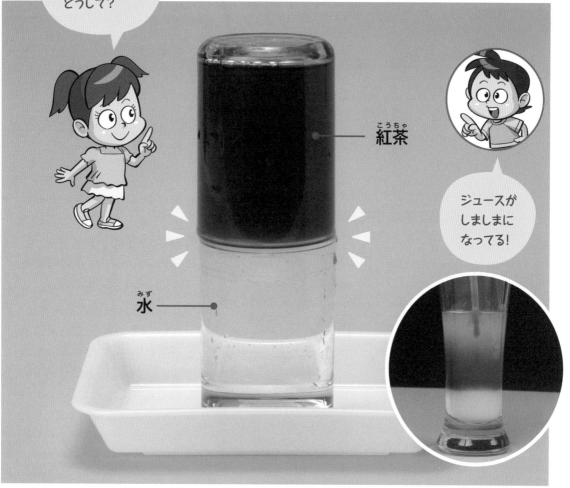

紅茶

水

ジュースが
しましまに
なってる！

33

① ガムシロップ入りの水と紅茶を用意する

コップに紅茶を入れる。もう1つのコップには水とガムシロップを入れて、よくまぜる。

② 紅茶のコップにハガキをのせてさかさにする

2つのコップにあふれる直前まで水をたし、紅茶のコップにハガキをのせて、すばやくひっくり返す。

③ 紅茶のコップをもう1つのコップにかぶせる

さかさにした②を、もう1つのコップの上にぴったりかぶせる。コップをおさえながら、ゆっくりと間のハガキをはずす。

こぼしてもいいように、台所でおうちの人といっしょにやろう。ガムシロップをまぜると砂糖水ができるよ。紅茶は色がついただけで、重さは水とほとんど同じだよ。

ためしてみよう！

チャレンジ①

紅茶のコップと、水とガムシロップを入れたコップの上下を逆にしてやってみよう。どうなるかな？

逆にしたところ

実験でサイエンス

▶ しましまジュース（35ページ）では、下のジュースほど重いので、食塩入りのトマトジュースはこの中では中くらいの重さだったことがわかります。

▶ ジュースに氷を入れておくと、上だけうすくなってしまうことがあります。これも同じ原理です。ジュースの上にういていた氷がとけて水になると、水はジュースよりも軽いので、まざりにくいのです。コーヒーや紅茶でも同じ様子が見られます。

用意するもの

- 透明なコップ　4個
- 水　●カルピス®
- 果汁100%のぶどうジュース
- 食塩入りのトマトジュース
- ストロー

① コップに水を入れておく。ぶどうジュースをストローで取り、静かに水の下のほうに流し入れる。

② ①のコップと、カルピス®の入ったコップをかたむけて、静かにカルピス®を流し入れる。

④ 水、ぶどうジュース、カルピス®が3層に分かれる。

⑤ さらにトマトジュースをストローで取り、入れてみる。

⑥ トマトジュースは下までいかず、どこかでとまる。

いろいろな飲み物で、しましまジュースをつくってみよう。

しましまジュースをつくろう

発表のためのまとめ

みんなに実際に見せてあげるのが、一番わかりやすいよ。もぞう紙などにかいてまとめるなら、写真をとったり、きれいに色をつけた絵をかいたりして、様子がわかるようにかこう。砂糖水の濃さがわかるように、水何mLに、ガムシロップを何mL入れたのか、しっかり記録をつけることも大事だよ。

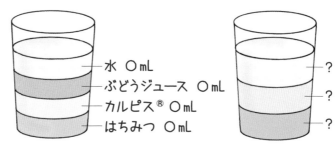

しましまジュースをつくる実験

実験したこと　いろいろな飲み物を重ねて、しましまジュースがつくれるかどうか、ためしてみる。

実験の結果　しましまジュースがつくれた飲み物

- 水　○mL
- ぶどうジュース　○mL
- カルピス®　○mL
- はちみつ　○mL

- ?
- ?
- ?

わかったこと　しましまジュースは、重い飲み物の上にそれよりも軽い飲み物を重ねると、うまくつくれる。

アートべっこうあめをつくろう

対象学年 **3～6年生**

むずかしさ ★★★

所要時間 **1時間**

まるでこはくのように美しい色をしたべっこうあめ。
砂糖液を冷やすだけで、アートのようなべっこうあめがつくれるよ。

ばねみたい!

キラキラ

すきとおってる!

実験のやりかた

① マグカップに水を入れておく

大きめのマグカップに、半分以上の水を入れておく。あとで、このマグカップの水の中に砂糖液を入れて冷やすのに使う。

砂糖に水をたらすときは、砂糖全体に水がしみこむくらいでOK。

⚠ 火のあつかいには十分注意をしよう。
煮立った砂糖液はとても熱いので、手では絶対にさわらないで!

② なべに砂糖と水を入れる

小さななべに大さじ3杯の砂糖を入れ、砂糖の上に大さじ3杯の水をたらす。

③ なべを火にかける

なべを火にかけて、わりばしでかきまぜながら温める。

④ 砂糖液が黄色っぽくなったら火をとめる

ぐつぐつと砂糖液が煮立ってきて、少し黄色に色が変わってきたら火をとめる。

ものの三態変化
（4年生）

用意
するもの
●小さななべ　　●砂糖 大さじ3杯　　●水 大さじ3杯
●熱に強い大きな入れ物（マグカップやボール）
●ガスレンジ（カセットコンロなど）　　●わりばし

⑤ 砂糖液を冷やす

はしを入れ、砂糖液をのばすと、糸を引くくらいになるまで1～2分そのままにして冷やす。

⑥ 砂糖液を
水の中にたらす

煮立った砂糖液を、マグカップの水の中に、ゆっくりとたらす。急に冷えるので音がするが、あわてないこと。

使ったなべは、
お湯でていねいに
洗うといいよ。

⑦ 固まったあめを
取り出す

全部入れたら、できあがり。水の中であめが固まるので、わりばしでゆっくり引きあげ、観察したら食べてみよう。

アートべっこうあめをつくろう

ためしてみよう！

チャレンジ①

アルミはくで型をつくり、型につまようじをさして、広げたアルミはくの上におく。固まりはじめた砂糖液を型にたらそう。好きな形のべっこうあめがつくれるよ。

チャレンジ②

上部を切ったペットボトルに水を入れ、その中に砂糖液をゆっくり落としてみよう。水はペットボトルの8割ほどまで入れておくといいよ。すぐに水だけを捨てて、ペットボトルから取り出したら完成。

実験でサイエンス

▶砂糖液を熱すると、とけていた砂糖は姿を変えていきます。はじめはカラメル化と呼ばれる化学反応で黄色くなります。さらに熱すると、炭の成分が姿をあらわして、最後には真っ黒になります。砂糖は植物から取れたものなので、熱すると炭になるのです。

発表のためのまとめ

熱すると砂糖液の様子がどのように変わるか調べてみよう。とちゅうの様子や、つくったべっこうあめの写真をとっておくといいよ。

15秒後	あわだってきた
40秒後	ねばりけが出てきた
60秒後	？
90秒後	？

⚠️ アートべっこうあめには細くてとがった部分があるので、あわてて食べると口の中にささることがあります。ゆっくりと食べましょう。

むずかしさ ★★☆

野菜からDNAを取り出そう

対象学年 **3～6年生**

所要時間 **1時間**

ブロッコリーやチンゲンサイなど、身近な野菜をすりつぶし、DNAを取り出してよく観察してみよう。

白くてもやもやしたものが見えるね。

親子がにているのは、このDNA（遺伝物質）が、親から子に伝わるからなんだよ。

実験のやりかた

① DNA抽出液を用意する

水95mL、食塩5g、台所用合成洗剤小さじ1を混ぜて、DNA抽出液を用意しておく。

② 野菜をこまかくきざむ

野菜8gをこまかくきざむ。ブロッコリーや菜の花を調べるときは、花の芽だけを使う。

③ 野菜をすりつぶす

すりばちで、きざんだ野菜をよくすりつぶす。

④ DNA抽出液を入れる

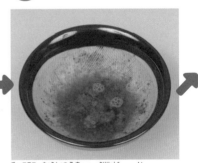

DNA抽出液30mLを入れて、そっと1回かき混ぜ、10分くらいおく。混ぜすぎると、DNAがきれてしまうので注意する。

用意するもの

● プラスチックカップ　　DNA抽出液
（水、食塩、台所用合成洗ざい）

無水エタノール　　食塩　　はかり

すりばち、すりこぎ

調べたい野菜
（国産のものがよい）

包丁や料理用はさみ

小さいガラスびん、
またはとう明カップ　　お茶パック（ろ紙）　　スポイト

※無水エタノールは薬局で手に入る。　※台所用合成洗ざいは、ヤシの実などを原料にした、はだにやさしい洗ざいがてきしている。

⑤ お茶パックでこす

お茶パックをプラスチックカップにセットし、こす。

⑥ 小さいガラスびんに入れる

小さいガラスびんの3分の1くらいまで⑤を入れる。

⑦ 無水エタノールを注ぐ

無水エタノールをスポイトで、ガラスびんのかべにつたわらせて、そっと注ぐ。

⑧ DNAが出てくる

横からライトで照らすと、はっきり見えるよ。

無水エタノールとのさかいめに、白くもやもやしたDNAが出てくる。30秒後くらいから出はじめるので、虫めがねでよく観察しよう。

ためしてみよう！

チャレンジ❶

出てきたDNAをスポイトで取り出し、虫めがねやけんび鏡で観察すると、もっとよく見えるよ。

チャレンジ❷

調べてみたい野菜やくだもの、魚卵、レバーなどで実験してみよう。新せんなもののほうが、出やすいよ。

野菜からDNAを取り出そう

実験 でサイエンス

▶ DNAは、すべての生き物の細胞ひとつひとつに入っています。

▶ 抽出液に使う洗ざいは、DNAを取り出しやすくし、食塩はDNAを集まりやすくします。DNAの1本1本は目で見ることはできませんが、この方法でかたまりを見ることができます。

発表のためのまとめ

実験の手順や結果を写真にとってまとめよう。

調べたもの	野菜A	野菜B	野菜C	野菜D
結果	○	◎	×	△
写真				
気がついたこと	・○○○ ・○○○ ・○○○ ・○○○	・○○○ ・○○○ ・○○○ ・○○○	・○○○ ・○○○ ・○○○ ・○○○	・○○○ ・○○○ ・○○○ ・○○○

対象学年 3〜6年生

所要時間 2時間

備長炭電池でモーターをまわそう

むずかしさ ★★☆

身のまわりにあるキッチンペーパーやアルミはくを使って、備長炭電池をつくり、モーターをまわしてみよう!

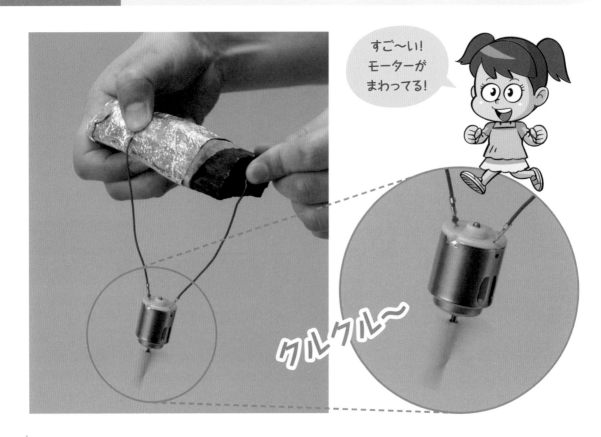

すご〜い! モーターがまわってる!

クルクル〜

実験のやりかた

① 備長炭を塩水にひたしたキッチンペーパーでまく

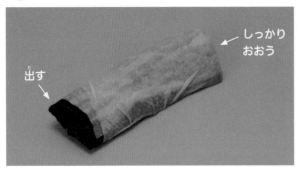

しっかりおおう

出す

塩水にひたしたキッチンペーパーを、備長炭にまく。一方の先が少し出るようにし、もう一方は炭がかくれるように、しっかりおおう。

※空気が入らないように、手でさすってぴったりまこう。

テーマ

発電（6年生）

用意するもの

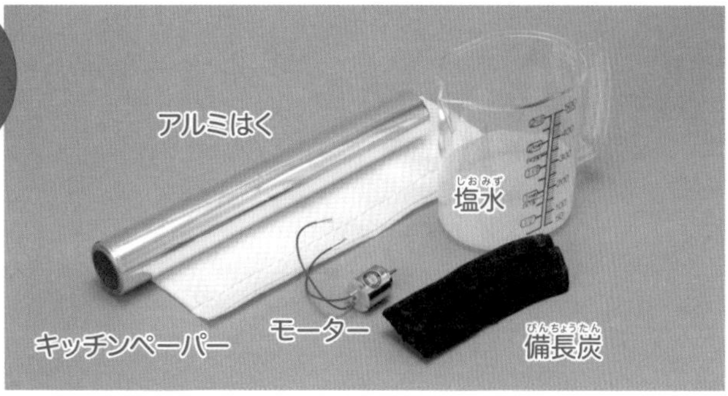
アルミはく
塩水
キッチンペーパー
モーター
備長炭

② アルミはくをまく

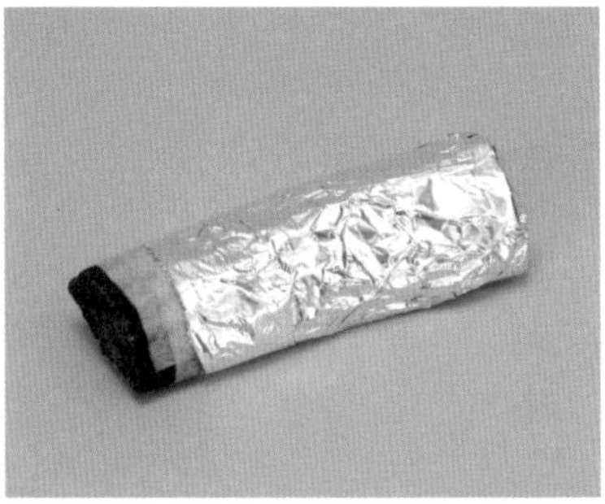

キッチンペーパーの白い部分が少し出るように①の上にアルミはくをまく。アルミはくが、備長炭にふれないようにまこう。

③ 備長炭と導線をつなげる

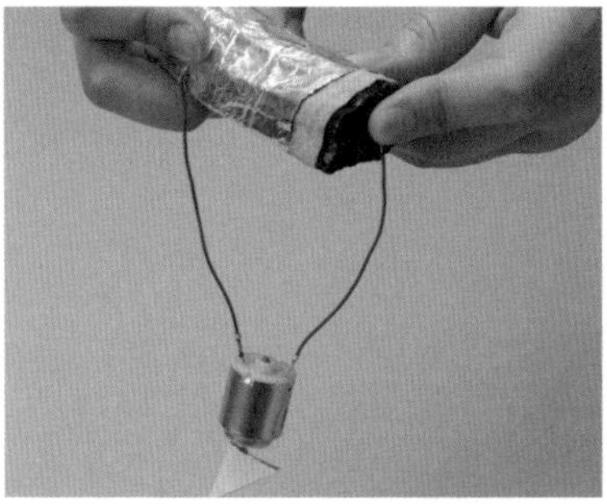

アルミはくの上と備長炭の上で導線をおさえるとモーターがまわる。

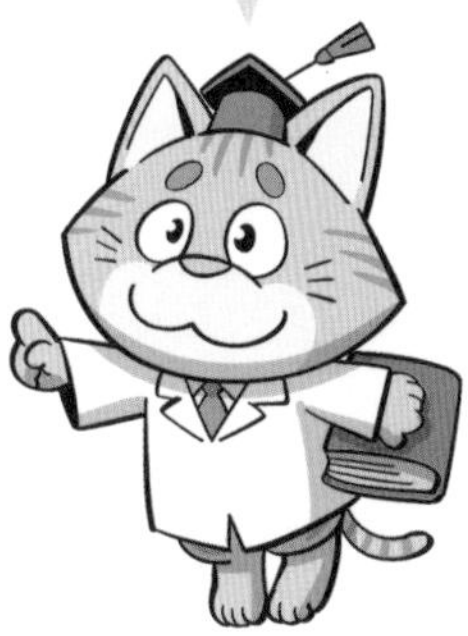
とけきらない塩が底に残るくらいの濃い塩水を使おう。

実験でサイエンス

- 10分以上モーターをまわしてからアルミはくを光にすかして見ると、アルミはくに穴があいていることがわかります。アルミはくが変化することで電気が流れたためです。
- 乾電池も備長炭電池とつくりが似ています。乾電池も使うと亜鉛がぼろぼろになっていきます。

乾電池

炭素棒
二酸化マンガンなど
金属（亜鉛）

備長炭電池

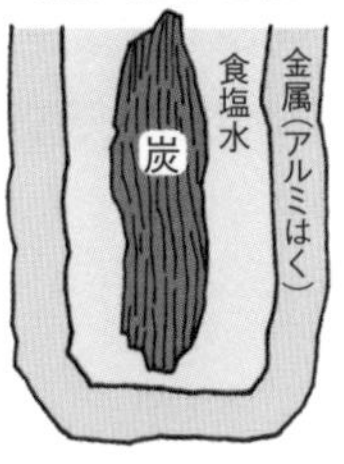
炭
食塩水
金属（アルミはく）

ためしてみよう！

チャレンジ

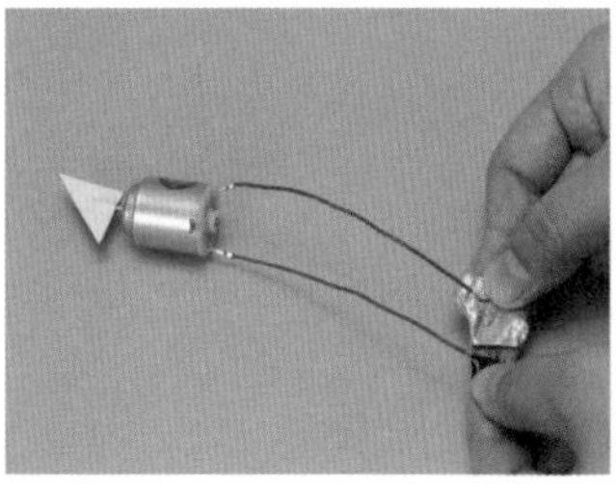

備長炭を小さくしてみよう。どこまで小さくしてモーターをまわせるかな？

⚠ アルミ缶にもエネルギーがたくわえられているので、捨てないでリサイクルしよう。

発表のためのまとめ

備長炭の大きさによってちがいがあるのか、実際にみんなの前でモーターをまわしながら発表しよう。

色が2度変わる 不思議な絵

綿棒でなぞると紫色がピンク色になった！
でも、10秒ぐらいでもとの紫色にもどって、今度は青く変わったよ。

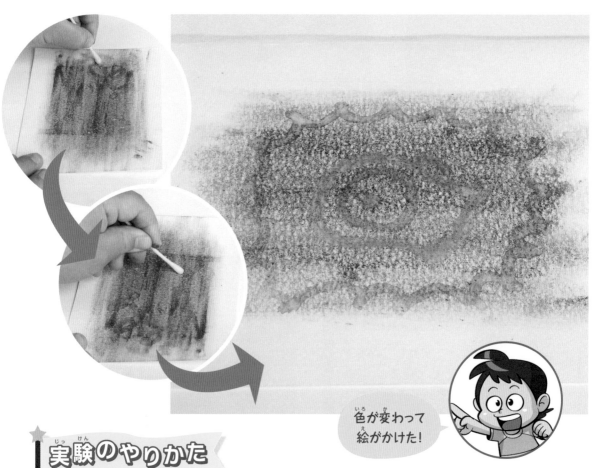

色が変わって
絵がかけた！

★ 実験のやりかた

① ナスに傷をつける

紙やすりでナスの
表面に傷をつける。
紙やすりのかわり
にくしゃくしゃに
したアルミはくを
使ってもよい。

② ナスを画用紙にこすりつける

ナスの傷をつけた
部分を画用紙にこ
すりつけて色をつ
ける。

用意するもの

酢

紙やすり

綿棒

画用紙

アルミはく

ナス

酢をつけすぎないのが上手に色を変えるコツだよ。

ナスをこすりつけすぎると緑色になって、色の変化がわかりにくくなるよ。

⚠ ナスのへたにはとげがあるので、手を切らないようにアルミはくをまいておこう。

色が2度変わる不思議な絵

❸ 酢をつけた綿棒で絵をかく

酢にひたした綿棒で、❷の画用紙に絵をかいてみよう。

ためしてみよう！

チャレンジ

酢のかわりにアルカリ性の石けんでやってみよう。

石けんをぬらして、これに綿棒をこすりつける。

この綿棒で絵をかいてみよう。色はどうなるかな？

実験でサイエンス

▶ナスの色素は、はじめは酸性の酢によってピンク色になり、時間がたつと弱いアルカリ性の画用紙に反応して青く色が変わります。

※紙によっては青くならないこともあります。

発表のためのまとめ

かいた絵を見せるといいよ。みんなの前で実際にかいてみるのもいいね。

つかめる水玉をつくろう

昆布のぬるぬる成分のアルギン酸ナトリウム。これを水にとかし、乳酸カルシウムのとけた水にたらすと、ゼリー状の水玉になるよ。

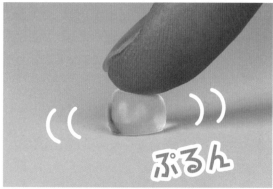

ぷるん

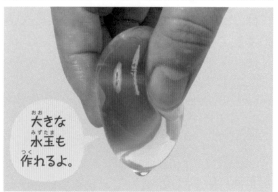

大きな水玉も作れるよ。

ほんとのイクラみたい！
⚠ 食品ではないので食べないで！

実験のやりかた

アルギン酸ナトリウムを一度にお湯に入れると、ダマになって、とけにくくなるので注意しよう。ハンドミキサーやミルクあわ立て器を使ってとかすと便利だよ。とけたら、あわがなくなるまで静かにおいておこう。

① アルギン酸水を用意する

とけるととろみが出るよ。

ペットボトルに300mLのぬるめのお湯を入れ、アルギン酸ナトリウム3gをとかす。アルギン酸ナトリウムは少しずつ入れよう。フタをしてよくふり、粉末のかたまりがばらけたら、また粉末を入れてふる。これを何回かくり返す。

用意
するもの

●アルギン酸ナトリウム 3gくらい　●乳酸カルシウム 4gくらい
※アルギン酸ナトリウムと乳酸カルシウムはインターネットで購入できる。
※乳酸カルシウムのかわりに、塩化カルシウム（押入れ用除湿剤）を使ってもよい。
●500mLのペットボトル 2〜3個　●プリンカップ 数個
●計量カップ　●プラスチックスプーン
●とう明なプラスチックコップ 数個　●茶こし 1個
●スポイト　●ストロー　●水　●お湯（40℃くらい）
●水彩絵の具（赤、黄、緑、茶）
※青の水彩絵の具は、アルギン酸ナトリウムがかたまる成分をふくみ、使えない。
　青色にしたいときは、プリンターインクのシアン（青）を使用するとよい。

② 乳酸カルシウム水を用意する

ペットボトルに400mLの水を入れ、乳酸カルシウム4gをとかす。とけやすいので、一度に全部入れ、フタをしてふりまぜる。

プリンカップなどに水彩絵の具を少し入れ、そこにアルギン酸水を少しずつ入れながら、よくかきまぜて色をつけよう。まるでイクラのような水玉がつくれるよ。

③ つかめる水玉をつくる

とう明なプラスチックコップに、②の乳酸カルシウム水を半分くらい入れる。そこに、①のアルギン酸水を、スポイトまたは8cmくらいに短く切ったストローで、1てきずつたらす。1分くらいしたら、茶こしを使って水玉を取り出し、軽く水洗いしよう。

プリンカップなどでアルギン酸水をすくい、乳酸カルシウム水の中に静かに入れると、大きな水玉をつくることができるよ。2分以上たってから取りだそう。

ためしてみよう！

チャレンジ　乳酸カルシウム水のかわりに、塩化カルシウムをとかした水でも、アルギン酸ナトリウムの水玉ができるかどうかためしてみよう。

つかめる水玉をつくろう

⚠ あまったアルギン酸水と乳酸カルシウム水、いらない水玉は、紙にすわせて燃えるゴミとして捨てよう。そのまま流すと、排水溝がつまるおそれがあるよ。

実験でサイエンス

▶アルギン酸ナトリウムは、ワカメや昆布などの海藻にふくまれている成分で、カルシウムに反応して、ゼリーのようにかたまる性質があります。そのため、乳酸カルシウム水の中に入れると、表面が先にかたまり、水分をとじこめるのです。

発表のためのまとめ

さまざまな水溶液で水玉をつくってみて、形やかたさをくらべよう。指でつまんだり、つぶしてみたりして、カルシウム水につけておいた時間との関係も記録しておこう。

	すぐ取り出したとき	3分後に取り出したとき
塩化カルシウム水	丸くなる　やわらかい 落とすと少しはずむ ティッシュ上をころがらない	丸くなる　かたくなる 落とすとはずむ ティッシュ上をころがる
乳酸カルシウム水	？	？

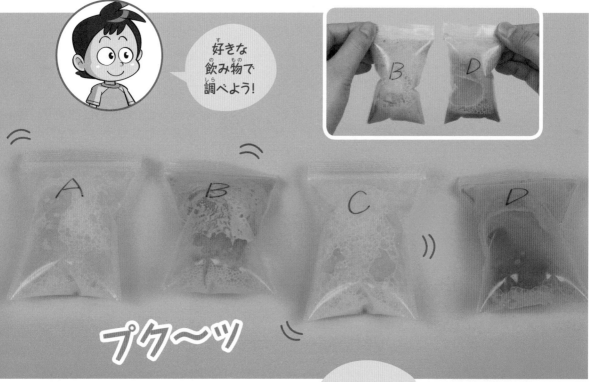

実験15　イースト菌で飲み物の糖分を調べよう

対象学年 3～6年生

所要時間 1時間

むずかしさ ★★☆

「ゼロカロリー」や「カロリーオフ」と表示している飲料が増えているけれど、糖分にどれくらいちがいがあるのか、イースト菌を使って調べよう。

好きな飲み物で調べよう！

A　B　C　D

プク〜ッ

パンパンにふくらんでいるわね。

⭐ 実験のやりかた

① 飲み物の味見をする

まず、調べたい飲み物の味見をする。

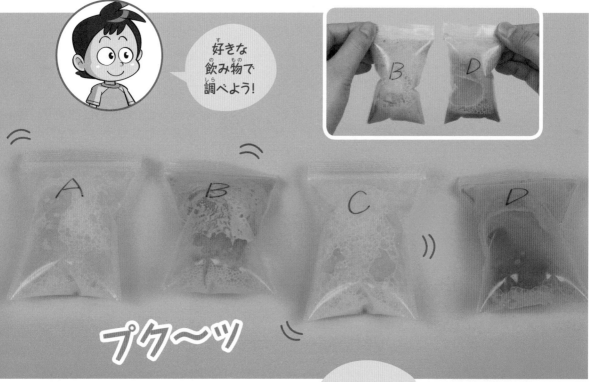

46

用意
するもの

糖分を調べたい飲み物　　　●お湯
ドライイースト
はかり　　　　湯せん用の容器
計量
スプーン
ジップつきポリぶくろ　　　　　　温度計
（名刺くらいの大きさで、飲み物と同じ数）　　ペン
ストップウォッチか時計

② ポリぶくろにイーストと飲み物を入れる

ポリぶくろにドライイーストを1 g と調べたい飲み物を10mL ずつ入れ、飲み物の名前を書いておく。

③ チャックをしめる

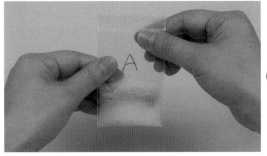

空気をしっかりとぬき、ポリぶくろのチャックをしめる。

④ 全体をよくまぜる

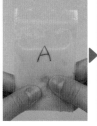
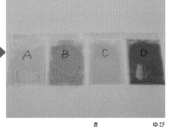

ポリぶくろがやぶれないように気をつけて指でもみ、全体をよくまぜる。全部のふくろの中身を同じようにまぜる。

⑤ ポリぶくろをお湯にひたす

容器に50℃くらいのお湯を入れ、ポリぶくろをひたして時間をはかる。お湯の温度が35℃以下にならないように、ときどきお湯をつぎたす。

⑥ ポリぶくろを観察する

糖分があるものを入れたふくろは、2分くらいたつとあわが出はじめ、約15分後にパンパンにふくらむので、はれつしそうになったらポリぶくろの口をあける。

イースト菌で飲み物の糖分を調べよう

⑦ ふくろのふくらみぐあいを調べる

ふくろを取り出して、それぞれのふくろのふくらみぐあいをさわってくらべよう。

味見をしたとき、どれがあまかったかな？ どれがふくらむと思う？ 予想して実験するとおもしろいね。

ためしてみよう！

チャレンジ 飲料には、スポーツ系飲料、紅茶、ジュースなど、いろいろな種類があるよ。「糖類ゼロ」「あまさひかえめ」「カロリーオフ」「カロリーハーフ」「低カロリー」などの表示を「強調表示」といい、砂糖などの量が決められた値以下になっているんだ。たとえば、ゼロカロリーは飲料100mLあたり糖類0.5g未満、カロリーオフは2.5g以下だよ。「原材料名」や「栄養成分表示」と「強調表示」をくらべながら実験するとおもしろいよ。どんなことを調べたいか考えて選んで実験してみよう。

実験でサイエンス

▶イースト菌は、砂糖の主成分であるショ糖を食べて自分のエネルギーにし、アルコールと二酸化炭素を出します。このことをアルコール発酵といいます。実験後にふくろの中のにおいをかぐと、お酒のにおいがします。

▶低カロリー甘味料は、砂糖と構造がちがうので、イースト菌は食べることができません。そのため、あまい飲み物でもふくらまないことがあります。

発表のためのまとめ

結果を表にまとめると、わかりやすいね。

調べた飲み物	あまさ	ふくらみかた
飲料A	○	◎
飲料B	◎	△
トマトジュース	?	?
カロリーオフの紅茶	?	?
カロリーオフの〇〇	?	?
ゼロカロリー	?	?

海底火山ドレッシングをつくろう

むずかしさ ★★★

テーマ

酸性・アルカリ性
（6年生）

色の玉が上へ行ったり下へ行ったりと不思議な動きをするよ。
酢の色の変化も観察しよう。

用意するもの

酢　サラダ油

重そう

小さじ　透明なコップ2個

ポリ袋

まな板と包丁　ムラサキキャベツ

※ムラサキキャベツが手に入らないときは、ナスの皮の表面に傷をつけたもの（クシャクシャにしたアルミホイルで皮をこすったもの）を使う。

火山がふん火しているみたいだね。

油
酢

実験のやりかた

① キャベツを切る

ムラサキキャベツを太めの千切りにする。

② 酢を加える

切ったムラサキキャベツをポリ袋に入れ、酢を加えてよくもむ。

③ 酢をコップに移す

赤紫色になった酢をコップに移す。

④ 油の入ったコップに入れる

もう1つのコップに油を入れてから、赤紫色の酢を流し入れる。酢と油は同じ量にしよう。

⑤ 重そうを入れる

小さじ1杯の重そうを入れる。

⑥ あわが出る

酢から、シュワシュワとあわが出てくる。

⑦ さらに重そうを入れる

さらに、小さじ2杯の重そうを入れる。

⑧ あわがわき上がる

大きなあわがわき上がってくる。

⑨ 油が下になる

油の層とピンクのあわの層がひっくり返り、油の層が下になる。

⑩ 玉が落ちる

ピンク色の玉が落ちてくる。

⑪ 玉の色が変わる

色玉がだんだん紫色に変わり、雨のようにふってくる。

⑫ 酢の色が変わる

酢が紫色から青紫色に変化する。

海底火山ドレッシングをつくろう

ためしてみよう！

チャレンジ　細長い容器やチューブでもやってみよう。すごく長く反応が続くよ。

実験でサイエンス

▶反応で出たあわは二酸化炭素です。反応が進むにつれて、液は中性に近づき、紫色になります。重そうが多くなると、玉の色がより青くなり、重そうの量によって色が変わることがわかります。

発表のためのまとめ

酢と重そうの量を変えて色玉の変化を観察し、表にまとめてみよう。ちょうどよい量の組み合わせを見つけて、みんなの前で実験してみると、もりあがるよ。

酢 (mL)		重そう(小さじ)		
		2杯	3杯	4杯
	50	？	〇☆	？
	100	？	◎☆	？
	150	？	◎	？

◎：10分以上色玉が動いた　　△：1分ぐらい色玉が動いた
〇：5分ぐらい色玉が動いた　　☆：酢と油の上下が逆転した

ドライアイスで雲をつくろう

| 対象学年 | 4〜6年生 |
| 所要時間 | 20分 |

ドライアイスから出るけむりを使って、上にもくもくと立ち上がる積乱雲のような雲をつくってみよう。

雲が上にどんどんのぼっていくよ！

実験のやりかた

1 白くないかべをさがす

白くないかべの前で実験しよう。白いかべの前でおこなうと、雲が見えにくいよ。かべに、黒画用紙や黒いビニールぶくろなどをテープではってもいいね。

2 ドライアイスを小さくする

ドライアイスを新聞紙で包み、段ボールの上にのせてハンマーでたたき、2cm角くらいの大きさになるまでくだく。必ず軍手をはめて、外でおこなうこと。

⚠ 軍手は、実験が終わるまではずさないようにする。軍手がぬれたときは、すぐにかわいている軍手にかえよう。

用意（よう い）するもの

●黒画用紙や黒いビニールぶくろ
●カメラ（スマホでも可）

電気ケトル
新聞紙
ザル
ドライアイス
ハンマー
軍手
白色LEDライト
段ボール

③ お湯をわかす

電気ケトルでお湯をわかす。お湯がわいたら、実験する場所にケトルを持っていき、ふたを開ける。

電気ケトルがない場合は、IHコンロとフライパンを使って実験できるよ。水を入れたフライパンをIHコンロで温め、ふっとうしたら電源を切り、湯気が落ちつくまで30秒くらい待とう。やけどに注意！

④ 雲をつくる

雲が少なくなったら、お湯をもう一度わかそう。ライトで照らして雲の写真や動画をとってもいいね。

ザルに、くだいたドライアイスを10個くらい入れ、ケトルの上にかざしてみよう。うまく雲ができるかな。

ためしてみよう！

チャレンジ ドライアイスをのせていないときの湯気とのちがいを、くらべてみよう。ドライアイスを氷にかえると、雲はできるかな。

ドライアイスで雲をつくろう

実験 でサイエンス

▶ 湯気には、液体の水の小さいつぶと、水蒸気がまじっています。水蒸気はとう明で、たくさんの液体の小さいつぶは白く見えます。

▶ 水蒸気は冷やされると、液体の水にもどります。夏にあたためられた空気が一気に空の上にのぼって積乱雲ができると、夕立になるのはこのためです。

発表のためのまとめ

ドライアイスでつくった雲を写真にとり、実際の雲の写真とくらべ、気づいたことをまとめよう。雲の立ち上がりかた（白いけむりの動きかた）を絵にかいて、絵を見せながら説明しよう。

実際の雲

雲の立ち上がりかた

ぷかぷかとうく しゃぼん玉

クエン酸と重そうに水をまぜると、二酸化炭素が発生するよ。そこにしゃぼん玉をつくって、同じ高さにうく様子を観察しよう。

ぷか ぷか

しゃぼん玉がきれいに一列にならんでる！

★ 実験のやりかた

① クエン酸と重そうを入れる

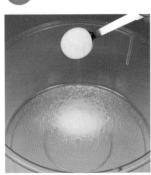

ボウルなどの容器に、クエン酸と重そうを大さじ2杯ずつ入れる。容器の大きさによって、量を加減するときも、クエン酸と重そうの量が同じになるようにしよう。

② 水を加える

！ かん気に注意しよう。

容器に300mLの水を加えると、シュワシュワと二酸化炭素が発生する。

用意するもの

ボウルや水そうなどの容器

計量カップ

しゃぼん玉をつくるためのふき具かストロー

●水
●新聞紙

重そう　クエン酸

計量スプーン（大さじ）

しゃぼん液

※クエン酸と重そうは、ドラッグストアなどでそうじ用として売られている。

③ しゃぼん玉をつくる

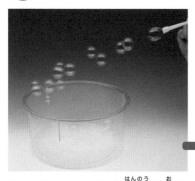

シュワシュワとした反応が落ちついてきたら、しゃぼん玉をつくり、容器の中に入れる。弱めに息をふきこみ、小さいしゃぼん玉をたくさんつくるといいよ。

④ しゃぼん玉を観察する

容器の中のしゃぼん玉が、同じ高さにうかぶよ。

つくえの上がぬれるので、新聞紙をしくといいね。少しはなれた位置から横にふきかけ、しゃぼん玉が容器の中に入るように調節しよう。

二酸化炭素が少なくなってきたら、大さじ1杯の重そうを加えてみよう。

ぷかぷかとうくしゃぼん玉

ためしてみよう！

チャレンジ①　容器の中と外で、しゃぼん玉の動きはちがっているかな。しゃぼん玉の大きさによって、うく位置や、うかんでいる時間がちがうかどうかも調べよう。

チャレンジ②　クエン酸と重そうの量を多くしたり、少なくしたりすると、しゃぼん玉のうく位置はちがってくるかな。

実験でサイエンス

▶クエン酸と重そうに水を加えると、二酸化炭素が発生します。二酸化炭素は空気より重く、空気の入ったしゃぼん玉は二酸化炭素より軽いので、しゃぼん玉が同じ高さでうきます。

発表のためのまとめ

クエン酸と重そうの量を変えながら何回か実験をしよう。ういているしゃぼん玉の大きさと高さ、割れるまでの時間、そのほか気づいたことを観察してまとめてみよう。

●クエン酸28gと重そう39gを混ぜた場合

しゃぼん玉の大きさ	気づいたこと
大（直径6cm）	5cmくらいの高さにうかび、50秒でわれた
中（直径4cm）	？
小（直径2cm）	？

実験⑲ 海水から塩を取り出そう

むずかしさ ★★☆

対象学年 **5・6年生**

所要時間 **5日**

人の生活に欠かせない塩。太陽光を利用し、海水から塩を効率よく取り出す工夫をしてみよう。

太陽光を利用するよ！

実験のやりかた

① 海水を容器に入れて水分を蒸発させる

海水50mLをさまざまな材質・形の容器に入れて、日当たりのよい窓辺におき、水分が蒸発するまでの時間をくらべる。

ためしてみよう！

うまくいくと、50mLの海水の水を1日で蒸発させられるよ！ とちゅうで水温をはかって表にかくのもいいね。取り出した塩はスマートフォンのカメラやデジカメでとっておこう！ 86ページを参考にしよう。

チャレンジ①

容器の底を黒くぬったら？

容器の底に黒っぽい砂をうすくしいたら？

チャレンジ②

食塩水にぼくじゅうを数てき入れたら？

用意するもの

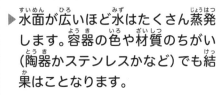

いろいろな形の容器（特に平皿やトレイ）　海水または、食塩水

伝統的な日本の塩田では、砂地に海水をまいてかわかしたあと、塩のついた砂を集めて海水をかけ、さらに濃い塩水にしてから、これを煮つめて塩を取り出しているんだ。今でも売っているよ。アンテナショップでいろいろな塩を探してみよう。

チャレンジ❸

鏡で光を集めて当ててみたら？

塩のついた砂から、砂と塩を分けてみてね。

チャレンジ❹

①

塩のついた砂を、ガーゼかコーヒーフィルターに入れる。

②

中の砂が出ないように気をつけながら、コップの中の海水につける。塩だけが溶け出して濃い塩水になる。

③ できた濃い塩水を平たい容器に入れて、日当たりのよい窓辺においてかわかす。

②のときにコップの中のもやもやに気がついたかな？

実験でサイエンス

▶ 水面が広いほど水はたくさん蒸発します。容器の色や材質のちがい（陶器かステンレスかなど）でも結果はことなります。

▶ 砂を入れると、熱くなりやすいといえます。砂つぶのすきまに海水が入るので、海水は高い温度になり、効率的に水が蒸発するのです。

発表のためのまとめ

調べたことを表にまとめてみよう。

同じ量の海水がじょう発するまでの日数

そのまま	すなをしく	？	？
5日	？	？	？

条件
- 海水の量を同じにする
- すべて日当たりのよい窓辺におく

対象学年 **5・6**年生

所要時間 **1**日

オリジナル立体写真を見よう

むずかしさ ★★★

写真が飛びだして見える立体写真。デジタルカメラがあれば、かんたんにとれるよ。さあ、チャレンジしよう!

上の写真も立体視できるよ。両目に虫めがねをあてて、距りを調節して見てみよう。

★ 実験のやりかた

① デジタルカメラで写真をとる

デジタルカメラで、2枚の写真をとる。このとき、1枚は右目の前にカメラをかまえてとり、もう1枚は左目の前にかまえてとる。

用意
するもの

●デジタルカメラ　　●プリンター
●虫めがね　2個　　●高さ調節用の本　数冊
●プラスチックの水そう（あるいは昆虫飼育ケース）

⚠ 絶対に、虫めがねで太陽を見てはいけないよ。

② 写真を印刷する

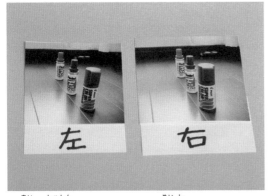

2枚の写真をプリンターで名刺サイズほどの大きさに印刷する。

近くにあるものをとるほうが、立体的に見えやすいよ。机の上に、たて一列に好きなものを並べてとってみよう。

③ 写真をセットする

虫めがね2個と、プラスチックの水そうを準備して、写真のようにセットする（簡易ビューアー）。写真は、左目でとったものを左に、右目でとったものを右に、きちんと並べておく。

④ ピントを合わせる

片目をつぶってのぞき、写真がはっきり拡大して見えるようにピントを合わせる。ピントが合わないときは、写真の下に本などを入れて高さを調整する。

⑤ 立体写真を見る

両目で見て虫めがねを動かして調整する。3つ見える写真のまん中の写真が視野の中央で重なったときに立体写真として見える。うまく見えないときは、写真を動かして、中央で写真がうまく重なって見えるように調整をしよう。

オリジナル立体写真を見よう

ためしてみよう！

立体写真が見えたら、こんなこともしてみよう。

＜チャレンジ❶＞

左右の写真を入れかえると、どうなる？

＜チャレンジ❷＞

左右両方に左目の写真をおいても立体的に見えるかな？

実験でサイエンス

▶物が立体的に見えるのは、左右の目で別々に見た映像を、脳の中でまとめて１つの映像として重ねて認識するからです。

▶左右の映像を入れかえたり、同じ映像にすると、立体的に見えなくなります。

発表のためのまとめ

①左右の目で見ている像がちがうことを、みんなにも体験してもらおう。

※えんぴつ２本を写真のように目の前でもち、左右の目を片目ずつ交互につぶってみよう。えんぴつの見えかたが左目と右目でちがうことがわかるよ。

②何人かに実際にビューアーをのぞかせてあげよう。

③見えかたを表にまとめよう。

写真	見えかた
左　右	立体的に見える
右　左	？
左　左	？

観察

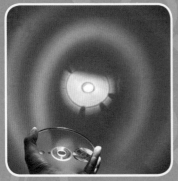

☞ 観察をやるときに気をつけること

● 観察では、どのように記録し、まとめるかがポイントになるよ。絵がいいか、表にするのがいいか、写真やビデオがいいかをよく考え、道具を準備してから観察をはじめよう。

● 観察した結果から気づくことはなんだろう。自分の考えをもち、なぜそう思ったのかをくわしく書くといいね。

● 夜の観察は危険なので、必ずおうちの人といっしょに行うようにしよう。

● 虫めがねを使うときは、絶対に虫めがねで太陽を見ないこと。

かんたん!!
バランス風車

対象学年 **1〜3年生**

所要時間 **1時間**

かんたんにできるおり紙の風車をいろいろな形でつくって、まわりかたのちがいを考えてみよう。

くるくる

くるくるまわっているよ。

★ 観察のやりかた

① おり紙を切る

おり紙を半分に切る。

② 4つの辺の内側を谷おりにする

切った長方形の4つの辺の内側7mmくらいのところを谷おりにする。

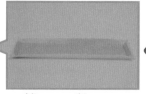

※谷おりは少しまげてお皿のような形にする（90°に立てない）。

用意
するもの

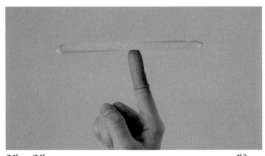

おり紙

指サック

⚠ 風があるとうまくまわらな
いので、室内でまわそう。

③ 指サックをしており紙をのせる

指に指サックをして②でつくったおり紙を
バランスがとれるようにのせる。指サックが
ないときは、指先を少しぬらそう。

④ 風車をまわす

そっと指をたおし
て早歩きすると、
おり紙がくるくる
とまわるよ。

⚠ 早歩きするときに
机などにぶつから
ないように気をつ
けよう。

観察でサイエンス

▶ 四角い紙が風を受けると、紙の角が後
ろにまがります。正方形やひし形、円
などは半分におるとぴったり重なり
ますが、長方形や平行四辺形は重なり
ません。ぴたっと重なる図形では、紙
の角のまがりかたが左右対称で、力が
つりあってしまいますが、ぴたっと重
ならない図形では、力がつりあわない
ので、紙がまわりやすいのです。

よくまわる形の例　あまりまわらない形の例
（点対称図形）　　（線対称図形）

発表のためのまとめ

よくまわる形とあまりまわらない形を
図でまとめよう。実さいにみんなの前
でまわしてみよう。

よくまわる形	あまりまわらない形
長方形	正方形
平行四辺形	ひし形
	円

ぴょんとにげ出す ポリエチレンシート

むずかしさ ★★☆

対象学年 **1～4年生**

所要時間 **1時間**

ポリエチレンシートの金魚すくい!? そのままハンガーをもち上げようとしても、どうしてもうまくいかないのはなぜ?

ちぎったポリエチレンシートがはねて、にげ出してる!

ぴょん

ぴょん

⭐ 観察のやりかた

1 ハンガーにラップをまく

ハンガーを広げてラップをまきつける。

2 ふくろに切れこみを入れる

ポリエチレンのふくろに、はさみで切れこみを入れる。

64

テーマ 電気のはたらき （4年生）	**用意 するもの**

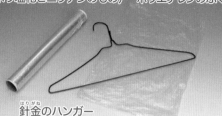

食品用のラップ
（ポリ塩化ビニリデンのもの）　ポリエチレンのふくろ

針金のハンガー

> ⚠️ 針金のハンガーは、広げて使っても
> よいか、おうちの人にかくにんしよう。
> ハンガーの針金やラップの金具で手
> をきずつけないように気をつけて！

③ ふくろを手でちぎる

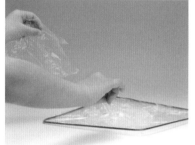

切れこみを
さいてつく
ったポリエ
チレンシー
トを、ラッ
プのまん中
に落とす。

④ ハンガーをもち上げる

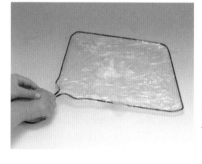

ポリエチレ
ンシートを
のせたまま、
ハンガーを
上にもち上
げる。

観察でサイエンス

▶ 静電気には＋と－があります。＋と
＋、－と－は反発し、＋と－はくっつ
きます。ラップやポリエチレンは－
になりやすいため、ポリエチレンのふ
くろをちぎると、強い静電気が起きて、
反発するのです。

■ ためしてみよう！

▷ チャレンジ

うまくバランスを取るとポリエチレンシート
を宙にうかすことができるよ！

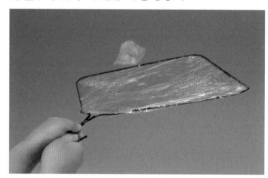

ぴょんとにげ出すポリエチレンシート

発表のためのまとめ

身のまわりの物で、ちぎったポリエチ
レンのふくろとくっつく物、反発する
物に分けてみよう。

くっつく	反発する
●自分の手	●ストロー
●下じき	●ゴム風船
●かみの毛	

おうちの方へ：湿度が低いほど、はげしく反発する様子が見られます。

スプラウトを育てよう

今、健康食品としても注目されているスプラウト（植物の新芽）。光のあてかたを変えるなど、さまざまな実験をしたあとは、おいしく食べよう！

わぁ、いっぱい芽が出たよ！

⚠️ 新芽を食べるときは、必ずスプラウト用の種を使おう。

★ 観察のやりかた

1 ティッシュペーパーをしき、水を注ぐ

2つの器にそれぞれティッシュペーパーをしき、ひたるぐらい水を注ぐ。

2 種をまく

①のぬれたティッシュペーパーの上に、カイワレダイコンの種をまく。

用意
するもの
●カイワレダイコンの種　●ティッシュペーパー3〜4枚
●器2つ　●アルミはく

③ 1つにアルミはくをかぶせる

1つにはアルミはくをかぶせ、1つはそのままにして、発芽する様子を調べてみよう。

④ 両方の水を毎日かえる

種がこぼれないように気をつけて、毎日両方の水をかえよう。

※片方にはアルミはくをかぶせておこう。

⑤ 芽が出たらアルミはくをはずす

芽が出たら、アルミはくをはずして明るいところで育てる。もう1つの器はどうなったかな？

⑥ よく洗って食べる

うまく育ったカイワレダイコンは10日ほどで食べられる。切って、よく洗いサラダにして食べてみよう。

はじめから最後まで暗いところで育てるとどうなるかな。もやし、ブロッコリーなどいろいろなスプラウトさいばい用の種を育ててみよう。

スプラウトを育てよう

観察でサイエンス

▶植物は光を感じ取るセンサーを持っていて、カイワレダイコンの場合は、明るいところではあまり発芽しません。

▶また、光にあてるまで、葉は緑色になりません。これは、光にあたってはじめて、光合成をおこなう葉緑素という緑色の色素ができるからです。

発表のためのまとめ

成長の様子を表にまとめよう。スケッチしたり写真をはるといいよ。

おいた場所	1日目	2日目	3日目	4日目
明るいところ	芽が出ない	芽が出ない	？	？
暗いところ	芽が出ない	少しだけ芽が出た	？	？

CDケースで日時計をつくろう

対象学年 **3〜6年生**

所要時間 **2日**

CDのとう明ケースとストローを使って、コマ型の日時計をつくろう。
ストローの影の位置から時刻がわかるよ。

春分の日をすぎたころから、秋分の日の前まで使える日時計だよ。

観察のやりかた

時計盤に立てるストローの長さを5〜6mmぐらいに短くすると、影が円盤の中に入り、季節による影の長さの変化が観察できるよ。

① 時計盤をつくる

3cm

厚紙にコンパスで半径4cm、5cm、6cmの円をかき、6cmの円にそって切る。ストローを3cmに切り、まるく切った紙の中心に接着剤で立てる。かわくまで平らなところにおき、ストローがかたむかないようにしよう。

② 日時計を使う場所の緯度を調べる

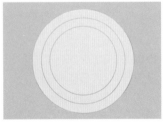

太陽の高さの変化は、日時計を使う場所の緯度と関係があるので、自分が住んでいる場所の緯度（北緯）を地図で調べる。

③ CDケースのフタの支えを準備する

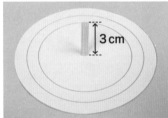

表を参考に、ストローを緯度に合わせた長さに切り、ケースのフタの支えに使う。ストローの先は一方をななめに切り、ケースにとめやすくする。

緯度とストローの長さ

北緯（度）	ストローの長さ（cm）
44	7.2
42	7.8
40	8.3
38	9.0
36	9.6
34	10.4
32	11.2
30	12.1
28	13.2
26	14.4

用意するもの

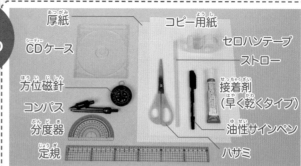

厚紙　コピー用紙　CDケース　セロハンテープ　ストロー　方位磁針　コンパス　分度器　接着剤（早く乾くタイプ）　油性サインペン　定規　ハサミ

④ 組み立てる

フタの裏面

ケースを閉じ、フタのまんなかにペンで印をつける。その裏面にセロハンテープをはったストローの先（ななめに切っていないほう）をあてる。

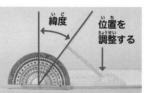

緯度　位置を調整する

ストローを立て、ななめに切ったほうのはしもケースにセロハンテープでとめる。ノートなどにのせて分度器をあて、フタが90度の方向から緯度のかたむきになるようにストローの位置を調節する。位置が決まったらテープでとめる。ストローがケースからはみ出すときは厚紙をケースにはってとめよう。

⑤ 時計盤を取りつける

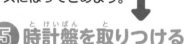

時計盤をフタにセロハンテープで取りつけて、日時計の完成。

⑥ 時計盤の裏側を南に向ける

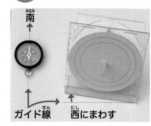

南　ガイド線　西にまわす

方位磁針を使い、時計盤の裏側を南に向ける。板の上に厚紙をセロハンテープでとめ、方位磁針と日時計をおくガイド線を引くと向きの調整がしやすい。磁石がさす南（北）と地球の南極（北極）の方向はずれているので、日時計を南から西に少しまわす。まわす角度は表を参考にしよう。

日時計をまわす角度（南から西へ）

角度	地域
10度	北海道北部
9度	北海道中部、東北地方北部
8度	東北地方南部、北陸地方、関東地方北部、中国地方北部、近畿地方北部
7度	関東地方、東海地方、四国、中国地方南部、近畿地方南部、九州北部～中部
6度	九州南部
5度	南西諸島

磁石のしめす南から、日時計を西の方向に、表の角度だけまわそう。

⑦ 影の動きを記録する

1時間ごとに影の動きを時計盤に記録する。記録が終わったら、時刻がわかりやすいように線を引こう。

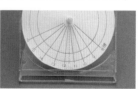

観察でサイエンス

▶コマ型日時計は、観察する場所の緯度だけ、支えのストローの向きを水平からかたむけます。こうすると、ストローが天の北極（北極星の方向）を向き、太陽はストローの延長線のまわりを円をえがくように動きます。

発表のためのまとめ

記録した影の動きから、太陽は1時間に何度動くかを計算してみよう。

懐中電灯の光で虹をつくろう

対象学年 **3〜6年生**

むずかしさ ★★☆

所要時間 **1時間**

懐中電灯の光を、水の入った四角い容器にあてて、虹をつくってみよう。光を水の中にななめにあてるのがポイントだよ。

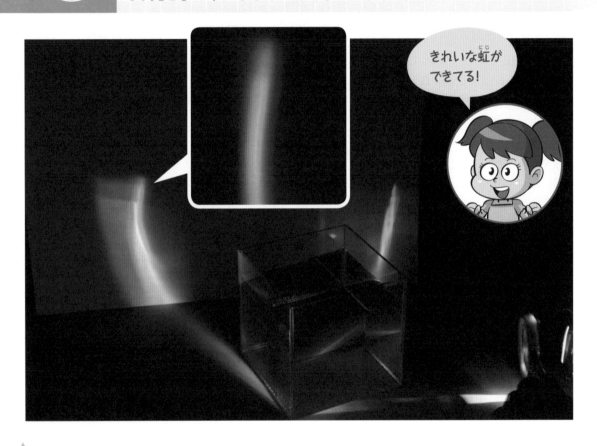

きれいな虹ができてる!

★ 観察のやりかた

1 黒い紙を懐中電灯にはる

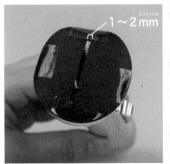

1〜2mm

黒い紙を丸く切り、中心に切れ目を入れて、懐中電灯にセロハンテープではりつける。懐中電灯より少し大きめに切るとよい。

2 懐中電灯をセットする

プラスチック容器に水を入れて、白い紙の前におく。懐中電灯は、台などの上においてセロハンテープで固定しよう。

用意するもの

白い紙　セロハンテープ　四角いプラスチック容器と水

少し厚めの黒い紙　虫めがね　LEDではない豆電球タイプの懐中電灯

③ 虹をつくる

懐中電灯のスイッチを入れ、光を白い紙にあてて虹をつくる。部屋を暗くしよう。

懐中電灯の前に虫めがねをあてると、虹がさらにくっきりと見えるよ。

ためしてみよう！

チャレンジ

暗い部屋でCDに日光や懐中電灯の光をあてると、かべに虹ができるよ。

懐中電灯の光で虹をつくろう

観察でサイエンス

▶ 光は、空気の中からプラスチックや水の中にななめに入るとおれまがり、いろいろな色に分かれます。CDでは表面のこまかいみぞにより、光が色ごとに分かれて見えます。

▶ 太陽を背にして、きり吹きなどで水をまくと空中に虹ができるのも、小さな水の玉によって光が色ごとに分かれるからです。

ななめに入って
2回くっせつする

発表のためのまとめ

虹がいろいろな方法でつくれること、透明に見える光も、じつはいろいろな色の光が混ざっていることがわかったら、虹のつくりかたと見えた色を、表にまとめよう。

光をあてたもの	見えた色
水を入れたようき	赤・黄…
CD	？
きりふきの水	？

うがい薬で でんぷんを探そう

対象学年 **3～6年生**

所要時間 **1時間**

人が生きていく上でかかせないでんぷんは、炭水化物の一種で、食品に多くふくまれているんだ。どんなものにでんぷんがふくまれているかな?

色が変わらないものもあるのね。

観察のやりかた

① 調べたいものにうがい薬をたらす

調べたいものをうすく切り、白い皿の上におく。これにうがい薬を5てきほどたらす。

② ひたひたに水を注ぐ

①の皿に、切ったものがひたるくらい水を注ぐ。

<table>
<tr><td>テーマ</td></tr>
</table>

植物の養分（6年生）

用意するもの

調べたいもの：とうもろこし・ちくわ・厚あげ・もち・食パン・バナナ・ライスペーパー・小麦粉 など

うがい薬（ポビドンヨード入り）

白い皿

⚠ うがい薬をかけたものは、食べないように！

❸ いろいろな食品で調べる

いろいろな食品にうがい薬をたらして、水を注いでみよう。

❹ でんぷんは青紫色に染まる

でんぷんがあると、白い部分が青紫色に染まる。でんぷんがないと、うがい薬の黄色っぽい色のまま変化しないよ。

★ ためしてみよう！

チャレンジ

水にうがい薬をたらすと、水面におもしろいもようができるよ。これを利用してマーブリングをしてみよう。じつは、画用紙には、紙を強くするためにでんぷんが入っているんだ。

① 水にうがい薬を5てきほどたらす。

② もようができたら画用紙を水面にうかばせる。

③ 5つ数えて画用紙を取り出す。液が流れないようにすぐにうら返して、平らにおくと、きれいにできるよ。

観察でサイエンス

▶でんぷんにポビドンヨード入りのうがい薬をかけると青紫色になります。人が主食にしている米、小麦、イモ類、とうもろこしなどには、たいていでんぷんが入っています。このことからも人にとって、でんぷんがどれだけ大切なのかわかります。

発表のためのまとめ

青紫色になったものと、ならなかったものをくらべてみよう。原料を調べてみるのもいいね。

青むらさき色になったもの		青むらさき色にならなかったもの	
調べたもの	原料	調べたもの	原料
もち	米	大根	
とうもろこし		豆ふ	
食パン	小麦粉	○○○	○○

酢で溶ける白い物を探そう

対象学年 3〜6年生

所要時間 1時間

酢で溶けるとあわが出てくる物を探そう！
炭酸カルシウムをつくり出すのは、生き物であることが多いんだ。

わぁ、いっぱいあわが出ているね。

★ 観察のやりかた

1 酢が入ったコップに溶かす物を入れる

酢が入ったコップにチョークを入れて、観察する。溶けるとあわが出る。貝がらや石灰石も同じように入れて観察しよう。

チョーク　　貝がら　　石灰石

用意（ようい）
するもの

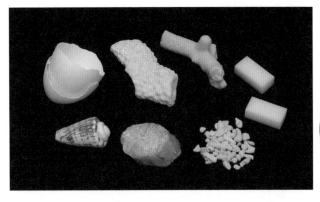

酢

コップ

溶（と）かす物（もの）

貝（かい）がら　　チョーク　　石灰石（せっかいせき）

⭐ ためしてみよう！

◀ チャレンジ ▶

酢（す）で溶（と）ける物（もの）を探（さが）してみよう。卵（たまご）のから、消（け）しゴム、サンゴの砂（すな）（観賞魚店（かんしょうぎょてん）にある）などでもためしてみよう。

どんな物（もの）が溶（と）けるのかしら。

観察（かんさつ）でサイエンス

▶ 酢（す）は酸性（さんせい）で、物（もの）を溶（と）かすはたらきがあります。一方（いっぽう）、酢（す）で溶（と）けた物（もの）の主成分（しゅせいぶん）はたいてい炭酸（たんさん）カルシウムという白（しろ）い物質（ぶっしつ）で、炭酸（たんさん）カルシウムは酢（す）と反応（はんのう）して、あわ（二酸化炭素（にさんかたんそ））を出（だ）します。石灰石（せっかいせき）の主成分（しゅせいぶん）も炭酸（たんさん）カルシウムで、昔（むかし）、海（うみ）にすんでいたプランクトンの死（し）がいなどが集（あつ）まった物（もの）です。

酢（す）に入（い）れて色（いろ）の変（か）わった貝（かい）がら

入（い）れる前（まえ）　　入（い）れたあと

発表（はっぴょう）のためのまとめ

右（みぎ）のように表（ひょう）にまとめてみよう。酢（す）で溶（と）けた物（もの）に何（なに）か共通点（きょうつうてん）はあるかな？

すでとけた物	すでとけなかった物
卵のから 貝がら △△△△	ペットボトルのフタ 消しゴム ×× ▲▲▲▲

ジャガイモって、根? くき?

学校で植物のつくりを学習したときに、根・くき・花・葉などを観察したね。私たちが食べているのも植物。私たちは植物のどの部分を食べているのかな?

水の通り道がきれいな輪になっているね。

 観察のやりかた

1 水に食用色素を溶かす

水100mLくらいに食用色素を3杯溶かし、わりばしでかきまぜる。

2 ジャガイモの断面を液につける

ジャガイモを切って、断面を①の液につける。

用意するもの
- ●ジャガイモ1個　●食用色素（あれば赤がわかりやすい）
- ●水　●まな板　●包丁　●わりばし
- ●容器（ペットボトルの下半分を切ったものでもよい）

③ 6時間後、断面を観察する

6時間後、取り出し、断面を観察する。写真にとったり、スケッチしたりしよう。つけていた面から1〜2㎜のところで切ると、色のつきかたがよくわかるよ。

④ 色のつきかたを調べる

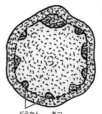

くき

道管の集まり

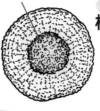

根

どの部分が染まったのか、図とくらべてみよう。

ニンジン、ダイコン、ゴボウ、サツマイモ、レンコンなどの野菜でも同じように観察してみよう。

※ニンジンの場合は青色の色素を使うほうがわかりやすい。

⚠️ ジャガイモなどの野菜は、使ってよいかおうちの人に聞いてから使おう。
包丁は大人の人といっしょに使おうね。

🔍 ジャガイモって、根？ くき？

観察で サイエンス

▶植物には水の通り道（道管）があり、その通り道が染まっているのです。ジャガイモの染まりかたは、くきの水の通り道の散らばりかたによく似ています。

発表のためのまとめ

着色された部分の様子を写真やスケッチでまとめ、図かんでどの部分かを調べてまとめよう。

観察の結果

ジャガイモ	ゴボウ

わかったこと　色のつきかたから、ジャガイモは「くき」の部分で、ゴボウは「根」の部分だということがわかった。

虫を光で集めよう

対象学年 **3〜5年生**

所要時間 **6時間**

日の入り後、ちかくの森や林へ出かけて、明るい蛍光灯の光で虫を集めてみよう。どんな虫がやってくるかな?

カブトムシやクワガタがつかまるといいね!

カブトムシ

クワガタ

★ 観察のやりかた

1 2本の木の間にロープを張る

森や林へ行き、2mほどの間かくの2本の木の間にロープを張る。すべりにくいロープを使い、たるまないようにしっかり張るのがコツ。

テーマ
昆虫 （3年生）

用意
するもの

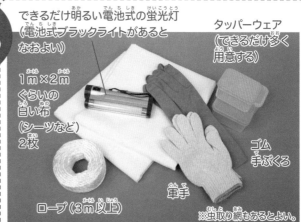

できるだけ明るい電池式の蛍光灯
（電池式ブラックライトがあると
なおよい）

タッパーウェア
（できるだけ多く
用意する）

1m×2m
ぐらいの
白い布
（シーツなど）
2枚

ゴム
手ぶくろ

軍手

ロープ（3m以上）

※虫取り網もあるとよい。

夜おそくの
採集なので、
必ず大人と行うこと。

② シーツをロープにしばりつける

1枚のシーツの長い辺の両はしをロープにし
ばりつける。もう1枚のシーツは、下にしく。

③ ロープに蛍光灯をつるす

ロープの中心に蛍光灯をひもでつるし、スイ
ッチを入れる。ブラックライトがあれば、そ
のちかくにつるす。

④ 虫をつかまえる

飛んでいる虫は虫取りあみで、とまっている虫
はゴム手ぶくろをはめた手でとる。虫はできる
だけ小分けにしてタッパーに入れて持ち帰る。

たくさんの虫を同じ容器に入れると、
中でけんかをすることがあるんだ。
短時間なら、プラスチックコップや
紙コップの口にラップを張り、輪ゴ
ムでとめて持ち帰ってもいいけれど、
カブトムシやクワガタはラップをや
ぶってしまうので要注意。

⑤ 虫を調べる

持ち帰った虫を図鑑で調べる。

●こんな虫が危険!

スズメバチ、ムカデ、毒ガ、アブ、
カミキリモドキ

虫集めのアドバイス

● 風がなく、月の出ていない湿度の高い夜に虫がたくさんやってくる。

● 周囲に街灯や自動販売機など、できるだけ明るい物のない場所が適している。

● カブトムシやクワガタは日の入りから2時間後くらいにやってくることが多い。

観察でサイエンス

▶ ここで紹介した採集方法は、専門的には「灯火採集法」といわれ、古くから行われています。

▶ 虫が光に集まる理由はあまりよくわかっていませんが、夜活動する虫は、月明かりをたよりに森の外に出て、遠くに移動するので、明るいほうに向かって飛ぶ習性があると考えられています。

発表のためのまとめ

飛んできた虫の種類、数、飛んできた時間を表にまとめよう。

まとめ方の一例

	20時まで	20時から24時	24時から4時
まち中の公園	アメリカシロヒトリ　3 ヨトウガ　5 ドクガ　2 合計　10ぴき	ドウガネブイブイ　3 シロヒトリ　2 コガネムシ　1 ヨトウガ　4 合計　10ぴき	ヨトウガ　5 ウスバカゲロウ　2 チャドクガ　1 合計　8ぴき
川のそば	ヘビトンボ　9 マツモムシ　2 ゲンゴロウ　6 タガメ　1 合計　18ぴき	ニンギョウトビケラ　3 ヒメガムシ　5 ミズムシ　7 合計　15ひき	ユスリカ　9 アミメカワゲラ　4 合計　13ぴき
森林の中	カブトムシ　3 ノコギリクワガタ　4 オオミズアオ　9 ミヤマカミキリ　2 合計　18ぴき	オオクワガタ　2 コクワガタ　3 ヤママユガ　5 チビクワガタ　4 合計　14ひき	コクワガタ　5 カブトムシ　3 アオカナブン　2 合計　10ぴき

にょう素で結しょうをつくろう

対象学年 **4〜6年生**

所要時間 **2日**

テーマ

結しょう（5年生）

にょう素の結しょうは、まるで生き物のように成長するんだ。
できあがった結しょうは、木の模型みたいだよ。

結しょうの木がどんどん大きくなっていくね。

用意するもの

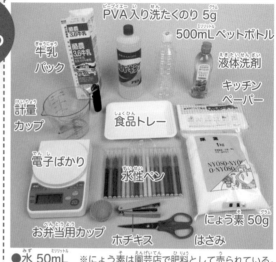

- PVA入り洗たくのり 5g
- 500mL ペットボトル
- 牛乳パック
- 液体洗剤
- キッチンペーパー
- 計量カップ
- 食品トレー
- 電子ばかり
- 水性ペン
- にょう素 50g
- お弁当用カップ
- ホチキス
- はさみ
- ●水 50mL ※にょう素は園芸店で肥料として売られている。

観察のやりかた

にょう素は水にとける
ときに熱をうばうので、
とても冷たくなるよ。

1 にょう素と水をはかる

電子ばかりでにょう素50gを、計量カップで
水50mLをはかる。

2 にょう素を水にとかす

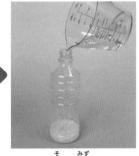

にょう素と水をペットボトルに入れ、よくふ
ってとかす。

3 キッチンペーパーに色をつける

キッチンペーパーを長方形（5cm×15cm）
に手で切り、水性ペンで色をつける。

4 牛乳パックと重ねる

1cm

牛乳パックをキッチンペーパーよりも少し小さく
（4cm×15cm）切り、キッチンペーパーと重ねる。

5 ホチキスでとめる

牛乳パックとキッ
チンペーパーをホ
チキスで数か所と
める。

6 まいてカップに立てる

5をうずまき状
にまるめてカップ
に立てる。

7 液体洗剤を加える

にょう素をとかし
た液体に、PVA入
り洗たくのり5g
（ペットボトルの
キャップ約1杯）
と液体洗剤1てき
を入れる。容器は
ふらずに、静かに
ゆらし、10分間お
いてなじませる。

⑧ 液を注ぐ

⑥を食品トレーにのせ、⑦の液をカップがいっぱいになるように注ぐ。

⑨ 半日ほど様子を見る

そのまま半日ほど待ち、様子を見る。気温や湿度によって、できる早さはちがってくるが、約半日で結しょうができはじめる。

★ ためしてみよう！

いろいろなものに液をたらして、かわかしてみよう。どんな結しょうができるかな？

チャレンジ①

プラスチックの板に液をうすく広げる。ドライヤーで1〜2分加熱し、結しょうができはじめたらドライヤーをとめて観察する。

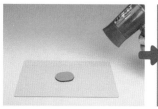

チャレンジ②

アルミはくをくしゃくしゃにしてから広げ、液をたらす。ドライヤーで1〜2分加熱し、観察する。

観察 でサイエンス

▶水分が蒸発することで結しょうができることがわかります。液が多いほど時間はかかりますが、大きな結しょうをつくることができます。大きな結しょうでは、何度も枝分かれをくり返して広がっている様子が観察できます。

発表のためのまとめ

成長する様子を30分おきぐらいに写真にとっておくといいよ。絵の具の色や容器の形を変えると、ちがった結しょうができるので、ケースに入れてかざろう。

にょう素の結しょうをつくる

実験したこと　キッチンペーパーににょう素の液をしみこませ、結しょうができていく様子を観察した。

実験の結果　上のほうに針のような結しょうができはじめ、半日ほどで大きくなってきた。

スタート時	3時間後	半日後

動画でチョウの飛びかたを見てみよう

むずかしさ ★★☆

対象学年 4〜6年生

所要時間 20分

ひらひらとすばやく飛びまわるチョウ。どんな飛びかたをしているのか、スマートフォンなどで撮影して調べてみよう。

アサギマダラ

❶ チョウをスマートフォンの動画でとろう

❷ スローでとると、飛びかたもよくわかるよ

❸ 最初は風景全体をとるようにしよう

❹ うまくとれなくても何度も挑戦！

観察のやりかた

この動画をここで見られるよ➡

① チョウを探す

家のまわりや公園などで、チョウを探してみよう。

② 観察する

いきなり動画でとろうとしても、にげられてしまうことが多いので、まずは飛びかたや、とまる場所に決まりがあるかどうか観察しよう。

⚠️ ●チョウを観察する場所のまわりに危険がないか、家の人と確認しよう。
●観察や撮影をおこなうときは、熱中症などに注意しよう。

③ とまる場所を予想する

チョウがとまりやすい場所を予想して、そこにレンズを向けておく。チョウが飛んでくるまで待ってみよう。

④ 動画をとる

チョウが飛んできたら、動画でとろう。

ためしてみよう！

チャレンジ① 普通の動画がとれたら、スローでもとってみよう（とりかたは、90ページを参考にしよう）。飛びかたが、よりわかりやすくなるよ。ふわりと風にのるように飛んだり、ギザギザに飛んだり、種類によって、ちがう飛びかたをするよ。

チャレンジ② 動画でうまくとれたら、写真にも挑戦しよう。チャンスは一しゅんで、動画よりむずかしいよ。連写機能などを使ってみよう。

観察でサイエンス

▶ 動画や写真をとる前に、よく観察して、チョウの動きを予想することが大切です。

▶ チョウの種類により、飛びかたのクセもちがいます。観察の回数を重ねると、種類によるちがいがわかってきます。

発表のためのまとめ

① 撮影した「日にち」「時刻」「場所」「天気」を必ずメモしておき、発表のためにまとめよう。
② 動画を使って発表するのがむずかしければ、動画から写真を切り出してまとめてもいいよ。
③ 動画をスロー再生して羽の動きを観察し、チョウの種類と飛びかたをまとめてみよう。

●アゲハチョウの仲間は花から花へとふわりと飛ぶものが多い

●モンシロチョウは、活発ででたらめな感じで動くことが多い

●シジミチョウは、こきざみに草のまわりを飛びまわることが多い

動画でチョウの飛びかたを見てみよう

観察⑫ ミクロの世界を探検しよう

対象学年	4〜6年生
所要時間	4時間

むずかしさ ★★☆

ルーペで身のまわりのものを拡大すると、あっとおどろく発見があるよ。その発見をスマートフォンのカメラで写してみよう。

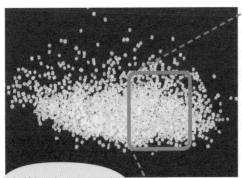

食塩の結しょうは四角い形をしているんだね。

★ 観察のやりかた

① 塩を用意する

懐中電灯で食塩を照らす。

※懐中電灯の先に白いレジぶくろをつけておくと、見やすい写真がとれる。

② 虫めがねで見る

これを虫めがねで見てみよう。どんなふうに見えるかな？

用意
するもの

懐中電灯　スマートフォン　拡大して
みたいもの
（塩、紙やすり
など）

黒い紙

虫めがね
2〜3個

ピントをしっかり
合わせてから写そう。

③ スマートフォンのカメラでとる

虫めがねの中
心にスマート
フォンのカメ
ラのレンズを
合わせてとっ
てみよう。

④ 写真を大きくして見る

拡大機能を使
って写真をさ
らに大きくし
て見てみよう。

ミクロの世界を探検しよう

ためしてみよう！

チャレンジ①

虫めがねを重ねる枚数を増やすと、
像の大きさはどう変わるかな。

チャレンジ②

砂糖や小麦粉など、白い粉を探して拡大して、つぶの
大きさや形はどうなっているかを調べてみよう。

観察でサイエンス

▶ 食塩のつぶは、目では
ただの白いつぶに見え
ますが、拡大すると立
方体をしていることが
わかります。花のおし
べの先に花粉がついて
いるところなどを拡大
するとしくみがよく見
えてきます。いろいろ
なものを拡大してとっ
てみましょう。

発表のためのまとめ

定規の目盛りを
同じ方法でとり、
写した写真とく
らべてみよう。
写したものがど
のくらいの大き
さなのか、何倍
になっているの
かがわかるよ。

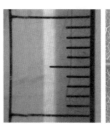

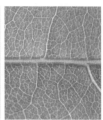

はかったもの	大きさ
葉の太い葉脈	約0.5mm
食塩の結しょう	？mm
？	？mm

土の中の生き物の呼吸を見てみよう

対象学年 **5・6年生**

むずかしさ ★★☆

所要時間 **4時間**

土の中にはたくさんの生き物がいるよ。とても小さくて、すがたを見ることはできないけれど、しゃぼんまくで生活の様子を見てみよう。

しゃぼんまくが下がってる!

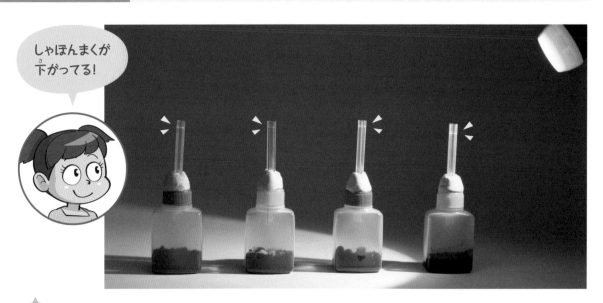

★ 観察のやりかた

1 庭の土をとってくる

砂ではなく、植物が生えていて、じめじめした土をさがそう。

2 たれびんのフタに穴をあける

きりで穴をあけたら、プラスドライバーを使って、ストローが通る大きさに広げる。

ろうとに土がつまるときは、竹ぐしでつついて落とそう。

3 フタにストローを差しこむ

先をななめに切ると入れやすい

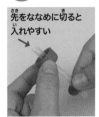

7cmに切ったストローをフタに通し、すきまをねん土でふさぐ。

4 土をよりわける

新聞紙の上に土を広げ、葉や根、石をよけておく。

5 たれびんに土を入れる

たれびんにろうとをのせて土を入れ、フタをする。

※紙を半円形に切り、円すいの形にまいてホチキスでとめ、ろうとをつくる。先をはさみで切っておく。

用意するもの

土　水　たれびん (33mL) 4個　●新聞紙
食器用洗ざい　サラダ油
ホチキス　砂糖
スプーン　塩
じょうぎ　コピー用紙など
白色LEDライト　きり　綿棒　油ねん土
プラスドライバー　竹ぐし　とう明なストロー (直径6mm) 4本

⚠ 危険な道具を使うので、けがに注意しよう。フタに穴をあけるときは、下にカッターマットなどをしくといいよ。

⑥ しゃぼんまくをつくる

コップの水に、スプーン3杯の砂糖をとかし、食器用洗ざいを数てきたらす。あわ立たないように、スプーンでゆっくりまぜる。

綿棒にこの液をつけて、ストローの上をなぞり、まくをつくる。

⑦ 呼吸を観察する

生き物たちが呼吸をすると、まくが下がっていく。見えにくいときは、ライトで照らそう。呼吸がはげしくなるほど、まくは早く下がるよ。どれくらい下がったか、はかってみよう。

ためしてみよう！

家の人に、電子レンジや冷凍庫を使っていいか確かめよう。

チャレンジ❶
土に水や塩、油、洗ざいなどをまぜると、呼吸がはげしくなったり、少なくなったりするかな。

チャレンジ❷
たれびんごと、土を電子レンジで温めたり、冷凍庫で冷やすと、どうなるかな。

チャレンジ❸
草が生えていないところの砂を使って、呼吸の量をくらべてみよう。

観察でサイエンス

▶しゃぼんまくは、酸素を通しませんが、二酸化炭素は通します。たれびんの中の酸素は、呼吸に使われると二酸化炭素にかわり、しゃぼんまくを通ってたれびんから出ていくため、しゃぼんまくはだんだん下がります。

発表のためのまとめ

みんなに、しゃぼんまくが下がる様子を見せよう。観察した日にち、時刻、気温なども書いておこう。

土に混ぜたもの	まくが下がった長さ
なし	2.1cm ／△分
水	?cm ／△分
塩	?cm ／△分
油	?cm ／△分
洗ざい	?cm ／△分

ミルククラウンをスマートフォンで撮ろう

ミルクがはねたときにできる、王冠に似た「ミルククラウン」をスマートフォンで写してみよう。

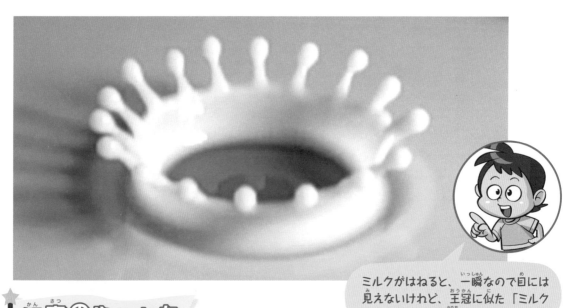

ミルクがはねると、一瞬なので目には見えないけれど、王冠に似た「ミルククラウン」という形ができるんだよ。

観察のやりかた

1 ミルクをのばす

下じきにミルクを数てきたらし、指でうすく広げる。

2 ライトで照らす

LEDライトで、ミルクが広がった部分を照らし、ここにスポイトでミルクをたらす。

3 カメラを用意する

スマートフォンをスローモーション撮影ができるように設定する。

※機種によって設定のしかたが異なるので注意しよう。

「設定」から「カメラ」を選ぶ。

「カメラ」から「スローモーション撮影」を選ぶ。

「スローモーション撮影」から、120fpsか240fpsを選ぶ。

fpsは「フレーム・パー・セコンド」と読み、1秒間に撮影するコマ数をあらわしているよ。

テーマ

物の運動
（5年生）

用意するもの

スマートホン　牛乳　スポイト　黒い下じき　白色LEDライト

④ 撮影しよう

スマートフォンのビデオ撮影モードを「スロー」にし、ボタンを押して撮影を開始する。20～30cmの高さからスポイトでミルクを2～3てきたらしてもらい、撮影をストップする。

ミルクの白い部分が明るくなりすぎていたら、ミルクの部分を指でタップして、露出をミルクの明るさに合わせよう。

⑤ 再生してミルククラウンを見つける

撮影が終わったら再生してみよう。画面下の停止ボタン（Ⅱ）を押し、指の先でコマ送りをしてミルククラウンになっている瞬間を選ぼう。うまく写っていたら、スクリーンショットで写真を保存する。よい写真が撮れなかったら、もう一度撮影してみよう。

↓240fpsで撮影

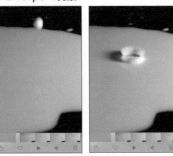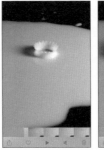

ためしてみよう！

チャレンジ①

ミルクを落とす高さを変えてみよう。高いとき、低いときでどのように変わるだろう。

チャレンジ②

ミルク以外の、水、ジュースなどでも王冠の形になるかやってみよう。

観察でサイエンス

▶ミルクのうすい層にミルクの球を落とすと、落ちてきたいきおいでミルクの層が筒のように立ち上がります。立ち上がった筒が下がるときに、その先がまるくなり、王冠の形が生まれます。

発表のためのまとめ

ためしたことを表にして、写真を入れてみよう。

ミルク	水	ジュース
	？	？

ミルククラウンをスマートフォンで撮ろう

91

水草潜水艦

対象学年 4〜6年生

所要時間 1日

水草は植物なので、水の中にとけた二酸化炭素を取り入れて光合成をおこない、酸素のあわを出しているよ。あわをつけてうかぶ葉の様子を観察してみよう。

どうして左のコップの水草だけが浮かんだのかな？

オオカナダモは、観賞魚店で手に入りやすい水草だよ。

★ 観察のやりかた

1 水を入れる

2つのコップに同じ量の水を入れる。あわが入らないように、水は静かに入れる。

2 息をふきこむ

片方のコップに、ストローで30秒間息を吹きこむ。息を入れたほうには、コップにしるしをつけておく。

3 葉を入れる

両方のコップに、手でちぎったオオカナダモの葉を10枚くらいずつ入れる。

用意
するもの

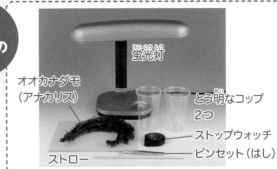

蛍光灯

オオカナダモ
（アナカリス）

とう明なコップ
2つ

ストップウォッチ

ピンセット（はし）

ストロー

④ 光を当てる

コップを蛍光灯に
近づけて光を当て、
時間を計る。

⑤ 葉がうく様子を観察

息をふきこんだほ
うは、数分で葉か
らあわが出て、葉
がうきはじめる。
葉の半数がうくま
での時間を計る。

● 葉の浮きかた

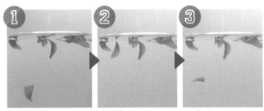

① 葉にあわが
ついてうく

② 水面であわが
はじける

③ 葉にあわが
なくなりしずむ

ういた葉の枚数を数える
場合は、ういた葉をピン
セットか、はしで取りだ
すといいよ。

水草潜水艦

ためしてみよう！

いろいろな条件でためしてみよう。

〈チャレンジ①〉

光の強さを変えるとどうなる？

アルミはくをかぶ
せて光をさえぎる。

蛍光灯からはなす。

〈チャレンジ②〉

冷蔵庫で冷やした水と、ふつうの水ではちが
いがある？

〈チャレンジ③〉

息をふきこむ時間を変えてみよう。

① 5秒にしたら、どうなるかな？
② 10秒にしたら、どうなるかな？
③ 15秒にしたら、どうなるかな？

◀チャレンジ❹▶

息をふきこむかわりに、重そうをとかすとどうなる？

小さじ半分の重そう

◀チャレンジ❻▶

水に、洗剤や塩など、水草がいやがりそうなものを入れるとどうなる？

観察で サイエンス

▶光合成をしているということは、水草が生きているしょうこだよ。水が冷たすぎると、葉はなかなかうかない。光合成に必要な条件（適温、二酸化炭素の濃度、光）がそろわないと、葉はうかないんだ。

◀チャレンジ❺▶

熱湯につけた水草で実験するとどうなる？

⚠ 熱湯でやけどをしないように注意しよう。

発表のためのまとめ

調べたことや、実験の条件をどのようにそろえたかを書き、結果を表やおれ線グラフにまとめよう（必ず下のような結果になるとは限らないよ）。

水草のうきかたを調べる

〇年〇組　〇〇〇〇

調べたこと　冷たい水でも光合成をするか調べた。

実験の条件
① コップに入れた水の量　100mL
② 息を入れた時間　30秒
③ けい光灯とのきょり　15cm
④ 入れた葉の枚数　10枚

水温とういた枚数

	2分	4分	6分	8分	10分	12分	14分	16分
5℃	0	0	0	0	0	0	1	1
10℃	0	0	0	0	1	1	2	5
15℃	0	0	1	2	4	6	7	8
20℃	0	1	2	5	8	9	10	10

わかったこと
● 冷たい水だと光合成はあまり活発におこなわれないことがわかった。
● 5℃、10℃、15℃、20℃では、？℃のとき、光合成が一番活発におこなわれていた。

月の満ち欠けを調べよう

対象学年 **4〜6年生**

むずかしさ ★★

所要時間 **1か月**

月を観察して月早見に月の絵をかいていくうちに、自然と月の満ち欠けのしくみや規則性がわかるよ。月早見をつくって観察しよう。

テーマ

月の観測（4年生）

用意するもの

- 98ページの絵を160％に拡大コピーしたもの
- 画用紙
- のり
- 色えんぴつ
- 方位磁針
- セロハンテープ
- 時計

これで月の観測記録ができるのね！

見本

月早見のつくりかた

① 絵を画用紙にはって切る

98ページの拡大コピーをした絵を画用紙にはり、あ〜きの7つに切る（うは予備）。

※のりを全面にぬってからはる。

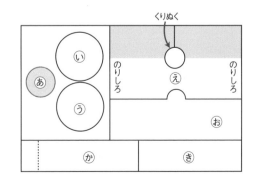

くりぬく

のりしろ　のりしろ

② 切ったものをはり合わせる

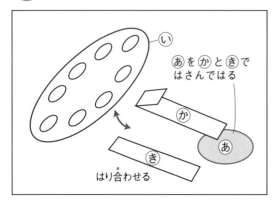

あをかときではさんではる

向かいあう小さな円がまっすぐ並ぶように

はり合わせる

はり合わせるときは向きに気をつけよう。

表

向かいあう小さな円がまっすぐ並ぶように

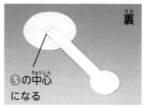
裏

いの中心になる

図のようにあ・い・か・きをはり合わせると、写真のようになる。

③ 月早見に切れこみを入れる

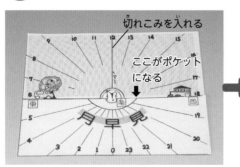

切れこみを入れる

ここがポケットになる

えののりしろにのりをつけて、おをはり、ポケットにする。えの切りとり線に切れこみを入れる。

④ ②をさしこむ

裏

さしこむ

表

いの半分がポケットに入るように

表側でいの半分がポケットにおさまるように、③の切れこみから②をさしこむ。

⑤ 切れこみをとめる

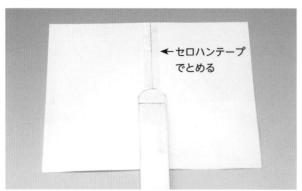

←セロハンテープでとめる

くるくるなめらかにまわせるかな?

③の切れこみを裏からセロハンテープでとめる。

★ 観察のやりかた

① 調べた時刻に月早見の太陽をあわせる。

② 月の見えている方位を方位磁針で調べる。
※後ろを向いているハムスターが観測者の位置で、観測するときは真南を向く。

③ 写真のように月早見に見えた月の形をかいて、色をつけよう。たとえば南西に月が見えた場合は、南と西の間に月をかく。月のかたむきかげんにも注意。
※よくわからないときには、下の「観察でサイエンス」を見てやろう。

④ これを1日1回3～4日おきにくり返し、8つの月の形をかこう。

月の満ち欠けを調べよう

★ ためしてみよう！

チャレンジ❶

月の形を観察し、方位を調べて、見えている月のとおりに月早見をあわせると、時刻を当てることができるよ。

チャレンジ❷

時刻と月の形がわかっている場合は、見えている月のとおりに月早見をあわせると、月の出ている方位を当てることができるよ。

観察でサイエンス

▶ 月の形は、太陽と地球と月の位置関係で決まります。満月から次の満月が見えるまでの間は約1か月です。月は太陽の光を反射して光っているので、半月などでは、太陽のある側が光って見えます。

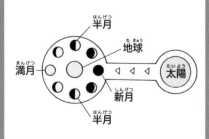

発表のためのまとめ

1か月という長い期間観察すると、いろいろなことに気づくはず。月の見える場所が時刻とともに変わること、同じ時刻でも日によって見える月の場所が変わることは、月早見で確認することができるよ。また、月の色が日によって少しちがうことに気づいたら、図や文で記録しよう。

日　時	月の見えた方角	月の形
8月15日20時	南東	三日月
○月○日○時	？	半月
×月×日×時	？	？

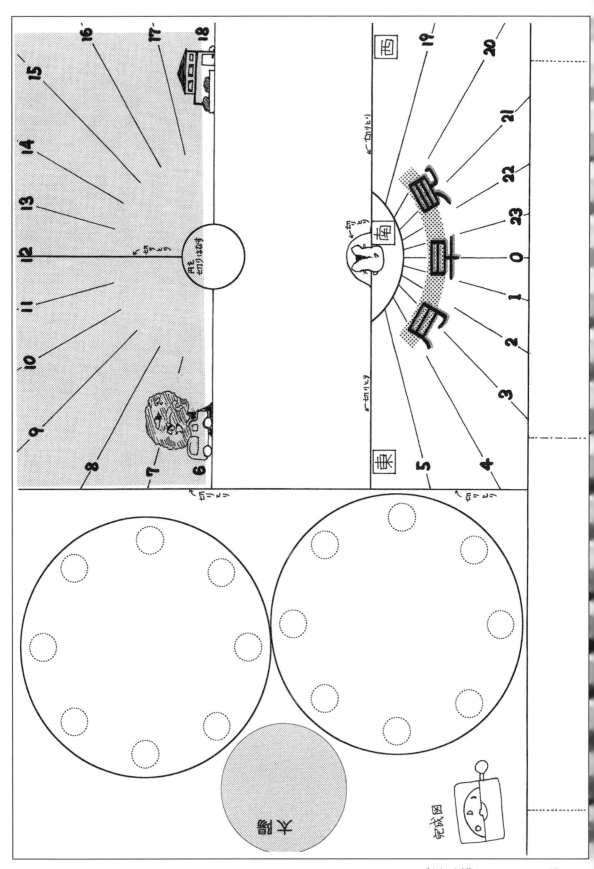

※160%に拡大コピーをして使おう。

工作
<ruby>工<rt>こう</rt></ruby><ruby>作<rt>さく</rt></ruby>

☞ <ruby>工作<rt>こうさく</rt></ruby>をやるときに<ruby>気<rt>き</rt></ruby>をつけること

● つくりながら<ruby>手順<rt>てじゅん</rt></ruby>の<ruby>写真<rt>しゃしん</rt></ruby>をとって<ruby>記録<rt>きろく</rt></ruby>しておくと、<ruby>発表<rt>はっぴょう</rt></ruby>するときに<ruby>説明<rt>せつめい</rt></ruby>しやすいよ。

● ためしにいくつかつくってみると、きれいにできるよ。<ruby>形<rt>かたち</rt></ruby>や<ruby>色<rt>いろ</rt></ruby>を<ruby>変<rt>か</rt></ruby>えて、２つ<ruby>目<rt>め</rt></ruby>からは<ruby>自分<rt>じぶん</rt></ruby>なりの<ruby>作品<rt>さくひん</rt></ruby>をつくってみよう。

● <ruby>磁石<rt>じしゃく</rt></ruby>は、ペースメーカーや<ruby>磁気<rt>じき</rt></ruby>カード、<ruby>精密機器<rt>せいみつきき</rt></ruby>などにちかづけないようにしよう。

● カッターや<ruby>包丁<rt>ほうちょう</rt></ruby>などを<ruby>使<rt>つか</rt></ruby>うときは、ケガをしないように<ruby>気<rt>き</rt></ruby>をつけて、<ruby>大人<rt>おとな</rt></ruby>といっしょに<ruby>使<rt>つか</rt></ruby>おう。

磁石でまわる！くるくるクリップ

対象学年 1〜4年生

所要時間 1時間

コップの中で空中に浮いた絵。フタの磁石をおすと、この絵がくるくるとまわる不思議なコップをつくろう。

くるくる

鳥が鳥かごの中に入ってる！

★ くるくるクリップのつくりかた

① コップの底に穴をあける

プラスチックコップの底の中央に、プッシュピンで穴をあける。

② コップに糸を通す

糸のはしにセロハンテープをはってストッパーをつくり、糸の反対側をコップの底の穴から通す。

用意するもの

フタつきとう明プラスチックコップ 1こ

ミシン糸または手ぬい糸（30cm）

セロハンテープ

プッシュピン

クリップにつけるかざり

強力磁石 2こ

クリップ（28 〜 33mm）1こ

※クリップは、磁石にくっつく鉄製のもの。

③ クリップを結びつける

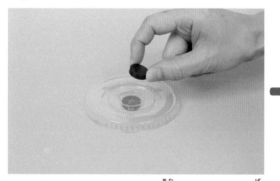

コップの底を通した糸の先に、クリップをかた結びで結びつける。

> ほどけないように、2回くらい結ぶといいね。

④ フタを磁石ではさむ

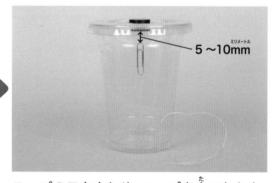

コップのフタにストローの穴があいている場合は、セロハンテープでふさぐ。フタの中央に、2この強力磁石でフタをはさむように取りつける。

⑤ 糸の長さを調節する

5 〜 10mm

コップのフタをしめ、コップを立てたとき、クリップが磁石から5 〜 10mmくらいはなれるように糸の長さを調節する。調節できたら、セロハンテープをはって糸を固定する。

磁石でまわる！ くるくるクリップ

ためしてみよう！

チャレンジ①

フタの磁石をやさしくおしたり、はなしたりをくり返し、磁石をコップの中のクリップに近づけたり、遠ざけたりしてみよう。中のクリップはどのように動くかな。

> フタをおしたとき、クリップが磁石にあたらないように、糸の長さを調節しよう。

クリップに、いろいろなかざりをつけてまわしてみよう。

①鳥と鳥かごの絵に色をぬったら、太い線にそって切り、うらがわに両面テープをはる。クリップの頭が少し出るようにはりつけ、かざりの紙を中央でおる。速くまわすと、絵が合体して見えるよ。

②下の白わくには、好きな絵をかいてみよう。色ちがいの同じ絵をかき、速くまわすと色がまざって見えるよ。一部だけ変えた絵をかき、ゆっくりまわすと2コマアニメにもなるんだ。

※右の絵はコピーをとって使おう。クリップに、好きな絵のシールをはると、かざりがかんたんにつくれるよ。

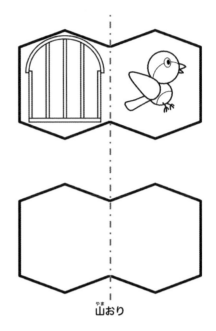

山おり

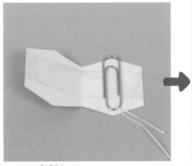

うらに両面テープをはり、クリップを絵のまんなかにのせる。

少しはみ出る

クリップの頭が、絵から少しはみ出るようにはさむ。

糸の長さを調節して、絵を宙にうかせる。

工作でサイエンス

▶鉄でできたクリップを磁石に近づけると、磁石の磁力で引っぱられます。クリップは、磁石に近づくほど磁力が強くなり、糸の長さをうまく調節すると、落下せずに宙にうくようになるのです。

▶1本の糸は、何本かの細い糸をねじり合わせてつくられています。磁石が近づいて磁力が強くなったとき、クリップにつなげられた糸は、ねじれを解消する（ほどく）ことで少しでも長くのびようとするため、ねじれと反対方向に回転していたのです。

発表のしかた

クリップはうまくまわったかな？「糸の材質・太さ・長さ」「磁石の強さ」「かざりの大きさ・重さ」「クリップの大きさ・形」など、材料を変えて工夫をすると、もっとまわるようになるかもしれないよ。いろいろ工夫をしてみたら、その結果を記録して、よくまわるかざりについて発表しよう。

大きなのっぽの水時計

むずかしさ ★★☆

対象学年 1〜4年生

所要時間 1時間

テーマ

空気と水の性質
（4年生）

色のついた液体が落ちてくる水時計を、身近な材料でつくってみよう。

用意するもの

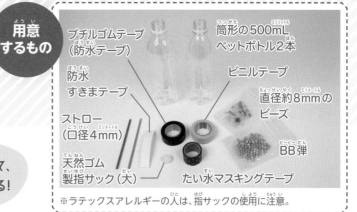

- ブチルゴムテープ（防水テープ）
- 防水すきまテープ
- ストロー（口径4mm）
- 天然ゴム製指サック（大）
- 筒形の500mLペットボトル2本
- ビニルテープ
- 直径約8mmのビーズ
- BB弾
- たい水マスキングテープ

※ラテックスアレルギーの人は、指サックの使用に注意。

あわが上がって、水が落ちている！

ぷく ぷく

水時計のつくりかた

① ストローを切る

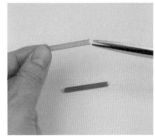

ストローを長さ4cmに切り、ビーズが穴をふさがないように、ストローの両はしにV字に切れこみを入れる。

② 防水すきまテープでまく

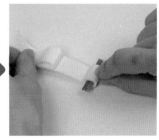

はば1.5〜2cm、長さ9cmに切った防水すきまテープで、2本のストローをまく。

③ ビニルテープでまく

外側をビニルテープでまき、ペットボトルの口にぴったりはまるようにする。ビニルテープを少し長めにまき、少しずつ切りながらちょうどよい太さになるように調節するのがコツ。

④ ペットボトルにビーズを入れる

高価なBB弾やビーズはしずみやすく、水時計にしたときに動きが悪いことがあるよ。

2本のペットボトルに、それぞれ40個ほどのビーズまたはBB弾を入れる。

⑤ ペットボトルに水を入れる

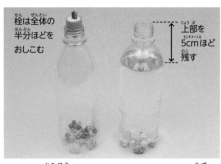

栓は全体の半分ほどをおしこむ

上部を5cmほど残す

片方のペットボトルに、ストローでつくった栓をする。

もう片方のペットボトルには、水を入れる。水は口いっぱいに入れずに、上部を5cmほど残すようにする。

⑥ 指サックをはめる

指サックの先端を切り、水を入れたペットボトルの口に、まるまったほうを上にしてはめる。

⑦ ペットボトルをつなげる

水を入れたペットボトルに栓をおしこみ、2つのペットボトルをつなげる。

⑧ 指サックでつつむ

栓をしっかりはめたら、指サックのまるまった部分をのばし、つながった部分をつつむ。水気がある場合は、ティッシュペーパーでふき取る。

⑨ ブチルゴムテープをまく

その上から、ブチルゴムテープをしっかりとまく。

⑩ 完成

かざりとしてマスキングテープをまいて完成。逆さにして動きを楽しもう。

完成!!

★ ためしてみよう！

この水時計では、水が落ちきるのに3分くらいかかるよ。

◇チャレンジ❶

ビーズの大きさや形を変えると、動きかたは変わるかな。

◇チャレンジ❷

ストローの本数や太さを変えると、水が落ちきる時間は変わるかな。

工作でサイエンス

▶1本のストローから水が落ちて、もう1本からあわ（空気）が出ています。水の通り道と空気の通り道が必要なので、2本のストローを使います。

▶筒の形（炭酸飲料用）のペットボトルに水を入れると、レンズのようなはたらきをして、ビーズが実物よりも大きく見えます。

発表のしかた

①みんなに、ストローを変えると水が落ちきる時間が変わるか予想してもらい、教室でやってみせよう。
②結果を表にまとめて、わかったことを話そう。

ストロー	水が落ちきる時間
口径4mm・1本	？分？秒
口径4mm・2本	3分15秒
口径4mm・3本	？分？秒
口径6mm・1本	？分？秒
口径6mm・2本	？分？秒
口径6mm・3本	42秒

花びらの染色 ランチョンマット

対象学年 **1～4年生**

所要時間 **1時間**

花びらでほんのりそまったランチョンマットをしいて、おやつタイムに使ってみよう。かんたんできれいなおりぞめ方法をしょうかいするよ。

ほんのり

きれいな色が出ているね。

おりぞめランチョンマットのつくりかた

きれいにそまるかな？

1 花の花びらを二重にしたポリぶくろに入れて冷とうする。

2 冷とうした花びらを冷とう庫から出し、常温で解とうする。

3 水と食酢を入れる

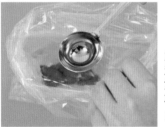

ポリぶくろに、大さじ1ぱいの水と食酢を入れる。

4 花びらをもむ

ポリぶくろの口を輪ゴムでとじて、指で花びらをおすようにもみほぐして色を出す。

用意するもの

ポリぶくろ 2枚　習字用の半紙　●水

色のこい花びら

※花びらは、ゼラニウムなど小さい花は20枚以上、アサガオは3〜4枚。

※紙は、しょうじ紙、キッチンタオルなどでもよい。

食酢　輪ゴム　計量スプーン

⑤ 紙をおる

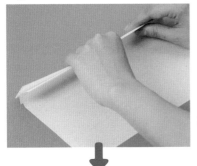

おりぞめに使う紙をおる。

⑥ 紙のはしを色水につける

おった紙のはしをポリぶくろの中の色水に少しつけたら、かわかして完成！

⑤ の紙のおりかた

はじめは「びょうぶおり」にします。

はば

2㎝〜3㎝

—— 山おり　- - - 谷おり

①〜③のどれかでおろう

① 四角おり　➡ □

② 三角おり　➡ △

③ 正三角おり
はじめに30°におる
30°
あとは三角おりと同じ　➡ △

工作 で サイエンス

▶ 花びらを冷とうすると、花びらにふくまれている水がこおって花びらがこわれやすくなり、色が出やすくなります。

▶ 花びらには「アントシアニン」という種類の色素がはいっています。この色素は酸性の液では、こいピンク色になるので食酢を入れます。

▶ おりぞめを開いたとき、花びらのように見える形は、おりかたによって変わります。おったときの角度が45度なら、花びらは8枚になります（360度の円の中に8個だから、360÷45）。

ためしてみよう！

チャレンジ　おりぞめをするための紙のおりかたにはいろいろな種類があるから、自分でおりかたを工夫してみるのもいいね。

発表のしかた

できあがったおりぞめをもぞう紙などにはって、使った花の種類やつくりかたなどを発表しよう。おりかたは実演するとわかりやすいよ。

花びらの染色ランチョンマット

対象学年 1〜4年生

むずかしさ ★☆☆

所要時間 5日

オリジナルシールをつくろう

コップや鏡にはることができる、自分だけのオリジナルシールをつくろう。何度でも、はがして使うことのできるシールだよ。

ぺたっ

好きなところにはって、たのしんでね。

シールのつくりかた

① 下じきに絵をかく

下じきに、シールにする絵をクレヨンでかく。

② のりをたらす

絵の上に、のりをたらす。中ブタをはずしてたらすので、一度に出しすぎないように気をつけよう。

色えんぴつをつめ切りのやすりでけずって、のりにふりかけてもいいよ。

③ 5日間ほどかわかす

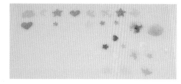

平らなところにおいて、5日間ほどかわかす。

絵をかくかわりに、紙を好きな形に切って、のりをたらしてみてもいいね。

用意するもの

合せい液状のり（PVAL入り）

下じき　つめ切り

クレヨン

色えんぴつ

※合せい液状のりは、おもにPVAL（ポリビニルアルコール）というものからできている。

④ 下じきからはがす

指でさわって、ベタベタしなくなったらできあがり。下じきからはがして、ガラスなどにはろう。

シールは、ぬれたところにはるととけてしまうから気をつけよう。

★ ためしてみよう！

チャレンジ❶❷の方法で、あとどれくらいでかわくか知ることができるよ。できあがりの直前では、スライムみたいにねばり気があっておもしろいよ。

◀ チャレンジ❶ ▶

たらしたのりのまん中のやわらかいところを、めんぼうの先でつつくとどうなる？

◀ チャレンジ❷ ▶

下じきをそっとかたむけると、どうなる？

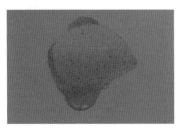

オリジナルシールをつくろう

工作でサイエンス

▶のりから、だんだん水分がぬけていくにしたがって、ねばり気が出てきます。もっと水分がぬけると、のりがかたまります。

▶シールの裏面は平らになります。平らだと、ものにみっ着するからくっつきやすくなるのです。お皿につけるラップも同じです。

発表のしかた

もぞう紙に、つくりかたを絵でかこう。色づけで工夫したところもかくといいよ。

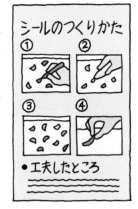

シールのつくりかた

① ② ③ ④

●工夫したところ

保冷剤でカラフル芳香剤をつくろう

よいかおりを出してさわやかな気分にしてくれる芳香剤。保冷剤を使って、インテリアにもなるオリジナルの芳香剤をつくってみよう。

かざりやかおりを変えてつくってみよう。

4色カラフル芳香剤

おはじき芳香剤

カラフル芳香剤のつくりかた

① 4色カラフル芳香剤をつくる

ふくろから保冷剤を取り出してコップに入れ、食用色素や絵の具で色をつける。

4色ほど用意し、それぞれ、アロマオイルでラベンダーなどのかおりをつける。

用意するもの

- 保冷剤（透明であまり水っぽくない弾力性のあるもの）
- コップ ● 食用色素（赤・黄・緑・青）または絵の具
- アロマオイル

② 保冷剤を重ね、水を入れる

① の保冷剤を1つずつ入れてから水を少しずつ加える。水を入れるとあわがぬけるが、入れすぎると色がまざる。

★ ためしてみよう！

チャレンジ①

10円玉をいろいろな向きで入れてみよう。水を入れるとどうなるかな？

チャレンジ②

① 色をつけるかわりに、保冷剤の中におはじきやプラスチックのかざりを入れてもよい。かざりを入れたら水を少しずつ加える。

② 最後に、アロマオイルでかおりをつける。

保冷剤でカラフル芳香剤をつくろう

工作で サイエンス

▶保冷剤は、高吸収性ポリマーに水をまぜたものが多く使われています。ポリマーには水を吸収してゼリー状になる性質がありますが、水が多いと液体にちかいじょうたいになってしまいます。

発表のしかた

作品の色やあわの量は、一日ごとに変わっていくよ。写真をとっておき、連続的にもぞう紙にはるときれいだよ。保冷剤に10円玉とおはじきを入れ、水を加えていったときの変化を絵にしてもいいね。

水10mL

水15mL

10円玉がしずんだ

水20mL

おはじきもしずんだ

風船おばけをふき矢でおとそう！

対象学年 2～6年生

むずかしさ ★☆☆

所要時間 1時間

おり紙と綿棒でつくった安全な矢で、ふき矢を楽しもう。
フワフワうかぶ風船のおばけをうまくうち落とせるかな？

★ ふき矢のつくりかた

① おり紙を切る

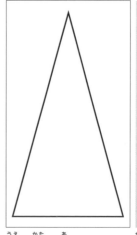 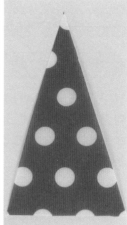

上の型に合わせており紙を切る。

② 綿棒を切る

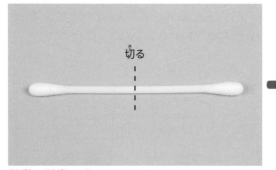

切る

綿棒を半分に切る。

③ おり紙に綿棒を取り付ける

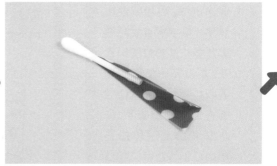

半分におったおり紙のおり目の部分に綿棒を合わせる。

用意するもの

おり紙　風船　綿棒　タピオカストロー　ハサミ　セロハンテープ

●扇風機またはサーキュレーター

④ セロハンテープでとめる

綿棒をはさむようにして、おり紙のはしをはり合わせる。矢の後ろの部分を広げれば完成。矢の太さは、ストローにぴったりおさまるぐらいがよい。広がった部分をハサミで切って調節しよう。

⑤ 風船にかざり付けをする

風船をふくらませ、好みの絵やかざり付けをする。

⑥ 風船をうかばせる

扇風機（またはサーキュレーター）を横にして、風船を浮かばせる。このまとをふき矢でねらう。

⚠ ふき矢をふくときは、矢をうつ方向を考えて安全に楽しもう。絶対に人に向けてうたないこと。

★ ためしてみよう！

2本のタピオカストローをたてにつなぎ、長いつつをつくってとばしてみよう。つつが長くなると、飛びかたにちがいが出るよ。2本のストローを横にならべて、2つの矢が同時に発射できるふき矢をつくっても楽しいよ。

工作でサイエンス

▶ふき矢は、口から出た速度のはやい空気が、矢を後ろから強くおすことで飛んで行きます。矢の速度は、どのくらいの力で、どのくらいの長い時間、空気が矢をおしていたかで決まります。だから、空気をふく息の強さを強くすれば、矢ははやく飛びます。また、その力を長い間かけ続けることで、矢はだんだん加速していくので、ストローは1本のときより2本つないだときのほうが、矢ははやく飛びます。

発表のしかた

ストロー1本の場合と2本の場合を、みんなの前で実さいにやってみるといいね。

風船おばけをふき矢でおとそう！

オリジナル織り機で織ろう

対象学年 **2～5年生**

むずかしさ ★★★

所要時間 **4時間**

牛乳パックでかんたんな織り機をつくって、織り機のしくみを調べよう。オリジナルの毛糸のコースターがつくれるよ。

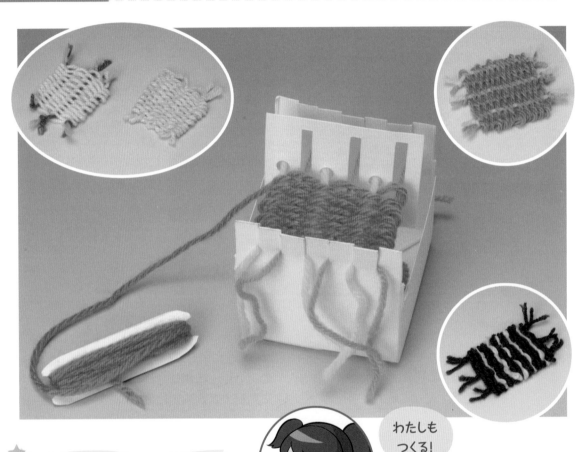

わたしもつくる！

⭐ 織り機のつくりかた

① 本体をつくる

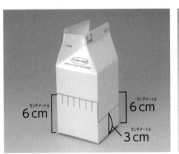

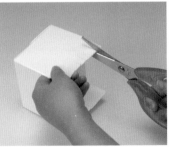

牛乳パックの底から6cmのところで切り取り、向きあう2辺は高さを下から3cmにする。高さ6cmの2辺に1cm間かくで6つずつ切れこみを入れる。

用意
するもの

毛糸（1色でもできるがはじめてのときは3色使ったほうがわかりやすい）

牛乳パック1本

穴あけパンチ

カッターを使うときやパンチで穴をあけるときは、ケガをしないように注意して、大人といっしょにやろう。

オリジナル織り機で織ろう

② 「そうこう」をつくる

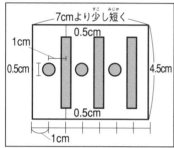

7cmより少し短く
1cm
0.5cm
0.5cm
0.5cm
4.5cm
1cm

牛乳パックのあまった部分を切り取り、左の図と同じように寸法の線を引く。灰色の部分をカッターや穴あけパンチで切り取る。

※「そうこう」とは、横糸を通すために、たて糸を上下に分ける織り機の器具のこと。

③ 糸を通す

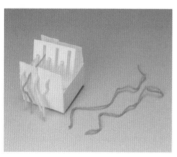

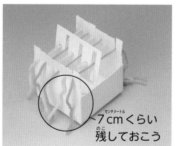

7cmくらい残しておこう

①の織り機本体のまん中に②の「そうこう」を入れ、左の写真のように糸を通していく。交互に色を変えるとわかりやすい。この糸がたて糸になる。たて糸はぴんとはっておこう。

※20cmくらいの毛糸を6本用意してたて糸とする。

④ 「ひ」をつくる

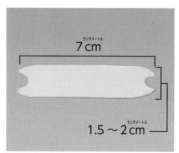

7cm

1.5〜2cm

牛乳パックのあまった部分を切り取り、両側に半円の切れこみを入れる。「ひ」には18回くらい毛糸をまいておく。これが横糸になる（まく回数は毛糸の太さによってもちがう）。

※「ひ」とは、横糸を通すための道具のこと。

★ 織りかた

※ ❸に出てくる「おさ」とは、織り目を整える道具のこと。

❶ 「そうこう」を上げて「ひ」を通す

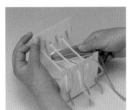

「そうこう」を持ち上げると、たて糸が1本おきに上下に分かれる。その間に115ページの❹の「ひ」を通す。

❷ 「そうこう」を下げて「ひ」を通す

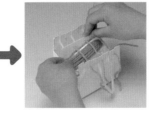

「そうこう」を下げて、今度は逆方向から「ひ」を通す。

❸ 「そうこう」を手前に引く

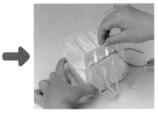

「そうこう」を手前に引いて、織り目を整える。ここでは「そうこう」が「おさ」の役わりもする。

❹ ❶〜❸をくり返す

❶〜❸をくり返し、最後まで織る。

※「ひ」を通すたびに織り目を整えるときれいに織れる。

❺ 織りあがる

本体から織ったものをはずし、「ひ」にまいてある糸を切る。

❻ 糸を結んで切りそろえる

ほつれないように糸を結び、たて糸の長さを切りそろえたら、コースターのできあがり。

工作でサイエンス

▶「そうこう」を上げ下ろしするだけで、たて糸が1本おきにうまく分けられていることがわかります。ここでは「そうこう」や「ひ」を自分の手で動かして織りましたが、機械はこれらの動きを自動化しています。自動化されて、産業は発達し、布を大量に生産できるようになったのです。

発表のしかた

いろいろなコースターをつくってかざろう。長く織れば、ちょっとしたしき物になるよ。つくった織り機もいっしょに提出しよう。

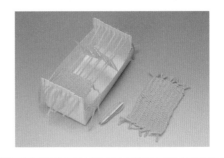

モーターと モールで走る振動カー

対象学年 3〜6年生

所要時間 30分

テーマ

モーター（3・4年生）

モーターを使って走る車をつくってみよう！
タイヤがなくても、モールだけで振動しながら走るよ。

用意するもの

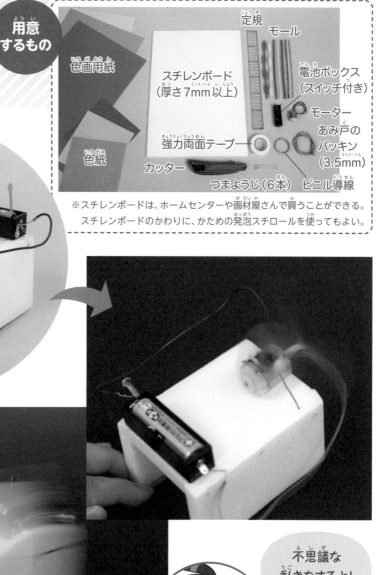

定規　モール
色画用紙
スチレンボード（厚さ7mm以上）
電池ボックス（スイッチ付き）
モーター
あみ戸のパッキン（3.5mm）
強力両面テープ
色紙
カッター
つまようじ（6本）　ビニル導線

※スチレンボードは、ホームセンターや画材屋さんで買うことができる。
スチレンボードのかわりに、かための発泡スチロールを使ってもよい。

不思議な動きをするよ！

① パッキンをモーターに差しこむ

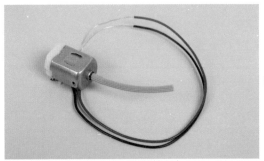

あみ戸のパッキンを5cmに切り、モーターのじくに差しこむ。

② スチレンボードを切る

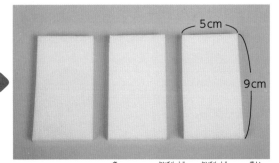

5cm
9cm

スチレンボードを切って（9cm×5cmを3枚）、車のボディになる3つのパーツをつくる。

③ スチレンボードをはる

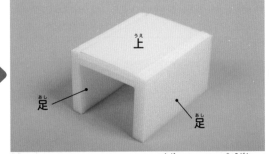

上
足
足

上にくるスチレンボードの長いほうの両側に両面テープをはり、そこに足の部分になるボードをはりつける。

④ つまようじを差す

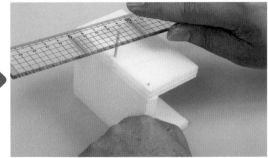

上の部分と足の部分がしっかりつくように、つまようじを半分の長さに切って差しこむ。じょうぎをようじの頭にあて、おしこむようにしよう。

⑤ モールをはる

足の部分の地面につくほうに両面テープをはり、モールをはりつける。

⑥ モーターを固定する

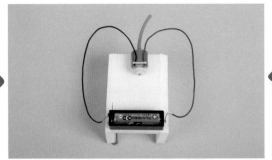

モーターと電池ボックスの底に両面テープをはり、ボディの上の部分にしっかりと固定する。両面テープは強力なものを使おう。

⑦ 完成

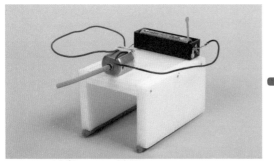

これで、振動カーの完成！

⑧ スイッチを入れる

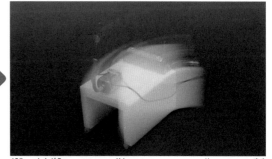

車が振動しながら走る。モールの毛なみで進む方向が変わるよ。

⚠️ モーターの回転部分に、顔や手を近づけないようにしよう。

ためしてみよう！

チャレンジ❶

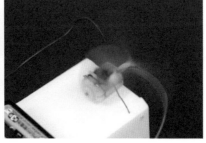

針金をじくにして、プラスチック板でつくったプロペラをつけてみよう。つける位置によって、プロペラが回転したりしなかったりするので、いろいろためしてみよう。

チャレンジ❷

新聞紙の上を走らせると速さが変わるんだ。ひもを好きな形に曲げておき、その上をまたぐように振動カーを走らせると、ひもの形にそって進むよ。色画用紙や色紙などで好きなかざりつけをして、自分だけの振動カーをつくって楽しもう。

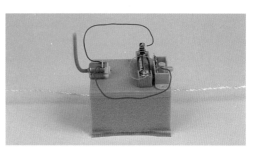

工作でサイエンス

▶モーターのじくにパッキン（ゴム管）をつけると、回転のバランスがくずれるために車が振動します。モーターの回転エネルギーが振動エネルギーに変わることで、振動カーが前に進んだり、後ろに進んだりします。

発表のしかた

足の部分につけるモールの種類によって進みかたが変わるので、いろいろなモールを用意して、どんな動きをするか、みんなでくらべてみよう。

ビー玉スライムを つくろう

対象学年 **3～5年生**

むずかしさ ★★★

所要時間 **2時間**

まるくてコロコロと転がるスライム。絵の具で色づけすると、ビー玉みたいにきれいなスライムができるよ。

転がして遊ぶと楽しいね。

とう明な ビー玉スライム

色つきの ビー玉スライム

好きな色をつけてね。

★ ビー玉スライムのつくりかた

① 水とホウ砂をまぜる

500mLのペットボトルに8分目まで水を入れ、ホウ砂を25g入れて、よくまぜる。

② PVA洗たくのりとまぜる

プラスチックコップにPVA洗たくのりを入れ、その中にのりと同量の①の液をそっと入れる。

③ ゆっくりかきまぜる

あわだてないように、わりばしでゆっくりかきまぜる。

④ スライムを水で洗う

固まったスライムを取り出し、水で洗う。

⑤ 布でぬるぬるを取る

しめらせたもめんの布で、表面のぬるぬるを取る。

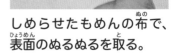

用意するもの

PVA洗たくのり
500mLのペットボトル
プラスチックコップ
ホウ砂
わりばし
絵の具
もめんの布
ガチャガチャのカプセル

⚠️ ホウ砂は有毒だから、絶対に口に入れないようにしよう。実験後はよく手を洗ってね。

⑥ スライムをまるくする

両手で転がしながらまるくする。

⑦ カプセルに入れる

カプセルに入れて、くるくるまわす。

⑧ ビー玉スライムの完成

とう明なビー玉スライムが完成。坂を転がして遊ぼう。

★ 色のつけかた

※できあがったビー玉スライムは、カプセルの中にとじこめておけば、何日間かやわらかいままで楽しめるよ！
カプセルに穴があいている場合はテープで穴をふさごう。

① 完成したとう明スライムと絵の具を手のひらにのせ、まるくしながらこねる。

② 全体的によくまぜる。

③ とう明なスライムとカラースライムをいっしょにして、球にする。

④ 最後にカプセルに入れてまわすと、ビー玉のようなスライムになるよ。

★ ためしてみよう！

◁ チャレンジ① ▷

色づけを工夫してみよう。いろいろな作品がつくれるよ。

◁ チャレンジ② ▷

とう明なスライムを表面がツルツルした本の表紙におくと、だんだんつぶれてレンズのようになる。じっくり観察してみよう。

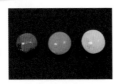

工作でサイエンス

▶ホウ砂の飽和水溶液（物質を限度の量までとかした液体）にPVAのりを水でうすめずまぜることで、ふつうよりかたいスライムをつくることができます。カプセルに入れてまわすと、スライムは遠心力でカプセルの内側のかべにおしつけられながら転がるので、きれいな球体になります。

発表のしかた

さまざまな色やもようのスライムをつくり、写真をとってつくりかたを発表しよう。とう明なスライムを用意して、その場で注文におうじた色をつけてみてもいいね。

ビー玉スライムをつくろう

風力発電でてんとう虫が点灯！

むずかしさ ★★☆

自分の息で羽根をまわして電気を起こす、小さな発電機のおもちゃ。
手づくりの発電機でてんとう虫を光らせてみよう。

自分の息で電気が起こせるんだ！

★ 発電機のつくりかた

1 モーターとLEDをつなぐ

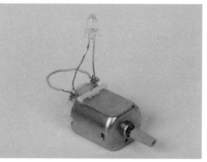

リード線を取りはずしたモーターにLEDをつなぎ、LEDのそれぞれの電極にビニル導線をつなぐ。モーターのじくにあみ戸のパッキンを差しこむ。

用意（ようい）するもの

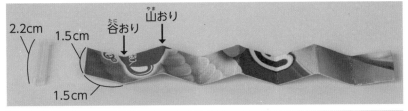

LED（エルイーディー）（赤（あか）） ビニル導線（どうせん）

モーター

- あみ戸（ど）のパッキン（外径（がいけい）3.5mm（ミリメートル））
- ストロー（直径（ちょっけい）4mm（ミリメートル））
- 厚紙（あつがみ）
- 両面（りょうめん）テープ
- ビニールチューブ
- 紙（かみ）コップ
- ホチキス

※モーターのリード線（せん）は使（つか）わなくてよい。

② 羽根（はね）をつくる

2.2cm
1.5cm
谷（たに）おり 山（やま）おり
1.5cm

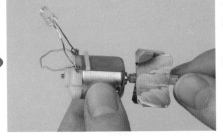

厚紙（あつがみ）を1.5cm（センチメートル）×12cm（センチメートル）に切（き）り、写真（しゃしん）のように交互（こうご）におり目（め）をつける。厚紙（あつがみ）の裏面（うらめん）に両面（りょうめん）テープをつけ、2.2cm（センチメートル）くらいに切（き）ったストローを中心（ちゅうしん）にして、おり目（め）にそっておりながらまきつける。羽根（はね）をホチキスでとめる。

風力発電（ふうりょくはつでん）でてんとう虫（むし）が点灯（てんとう）！

③ パーツを組（く）み立（た）てる

パッキン部分（ぶぶん）に羽根（はね）を差（さ）しこむ。ビニールチューブにてんとう虫（むし）の絵（え）をかき、裏側（うらがわ）に穴（あな）をあけて、LED（エルイーディー）に取（と）りつける。葉（は）の絵（え）をかいて、モーターに取（と）りつける。

④ 完成（かんせい）

紙（かみ）コップに両面（りょうめん）テープをはり、モーターを取（と）りつけて完成（かんせい）。羽根（はね）に向（む）かって、ストローで強（つよ）く息（いき）をふきかけると、羽根（はね）がまわった瞬間（しゅんかん）にLED（エルイーディー）が赤（あか）く光（ひか）る。

工作（こうさく）でサイエンス

▶羽根（はね）をいきおいよくまわすことでモーターが回転（かいてん）し、発電（はつでん）します。ストローを短（みじか）めに切（き）り、羽根（はね）がまわるときに「ブーン」という音（おと）がするくらい、思（おも）いきり息（いき）をふきかけるのがコツです。

発表（はっぴょう）のしかた

みんなにも自分（じぶん）の息（いき）で羽根（はね）をまわして、電気（でんき）を起（お）こす体験（たいけん）をしてもらおう。

紙パックでつくる ロボットハンド

むずかしさ ★★☆

身近にあるものを使い、ロボットハンド工作に挑戦しよう。
工夫しだいで、いろいろなものをつかんで動かすことができるよ。

ロボットハンドで
しっかりつかめた!

ハンド部分にモールを
セロハンテープで
はりつけると…

いちごがつかめた!

⭐ ロボットハンドのつくりかた

① 厚紙を切る

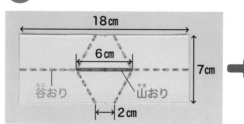

18cm

6cm

7cm

谷おり

山おり

2cm

厚紙を長方形(7cm×18cm)に切り、
図の点線のように、おり目をつけるた
めの線を引く。

1L 紙パックの側面を使
うと、このサイズになるよ。

② おり目をつける

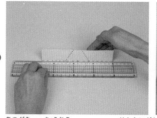

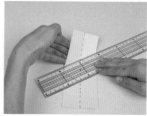

厚紙を中央でおり、反対側にもおって、両側におり
目をつける。ななめの線にも、おり目をつけておく。

じょうぎをあてると、
おり目をつけやすいよ。

用意
するもの

●マスキング
テープ　　　　　　　　　　結束バンド（2本）　　　紙コップ

厚紙（1Ｌ紙パックな
ど）

穴あけ
パンチ

※厚紙は、1Ｌ紙パック
のほか、おかしの空き箱や工作用紙など、かためのものが使いやすいよ。
※結束バンドは、長さ20cm程度、はば5mm以下のものを選ぼう。

ストロー　　　油性ペン

③ ハンドをおる

中央部分をおし出し、両側のハンド部分が起き上がるように曲げる。
中央部分をつまみ、ハンド部分が動くかどうか、ためしてみよう。

④ 穴をあける

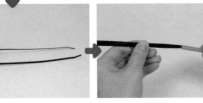

中央部分の2か所にパン
チで穴をあけ、この穴に
結束バンドを通す。2本
の結束バンドをストロー
に通して持ち手にする。

⑤ 完成

ここを引く

ここを持つ

ストローがぬけないように、結束バ
ンドにマスキングテープをはる。ス
トローを持ち、結束バンドを引くと、
ハンドが開閉する。

紙パックでつくるロボットハンド

★ ためしてみよう！

ハンド部分の大きさや形を変えてみよう。
持ち手に太いストローを重ねると、持ち手が強くなるよ。

チャレンジ①
身のまわりの
もので、どん
なものを、一度にいくつつかめるかな。
ボールやキャンディなど、落としてもこ
われないものを選ぼう。

チャレンジ②
くだものは、強い力でつ
かむと傷がついてしまう
ね。はたらくロボットをイメージして、ものをつか
んでみよう。人を助けるときも、つかむ場所によっ
ては、苦しいはずだよ。

工作でサイエンス

▶ものをつかむときは、まさつ力がはたらき
ます。まさつ力の大きさは、ふれる面のすべ
りやすさで変わり、まさつ力が大きいほど、
しっかりつかめるようになります。

発表のしかた

ハンド部分の形を変えて、何をつ
かめたか、まとめてみよう。つか
んだものの数や重さをくらべる
とわかりやすいよ。実際にロボッ
トハンドを使って見せよう。

空気の力で動くロボットハンド

むずかしさ ★★★

対象学年 **4〜6年生**

所要時間 **2時間**

モーターや電池がなくても、シリンジを使った、空気の圧力で動くロボットハンドをつくってみよう。

ほかのオモチャやキットと組み合わせて遊べるね!

⚠ シリンジとは、注射器の針がない筒の部分のことで、研究や実験に使われるよ。

ロボットハンドのつくりかた

① シリンジをチューブでつなぐ

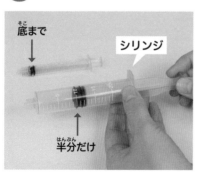

底まで

シリンジ

半分だけ

シリンジのピストンを手で動かして、なめらかに動くようにならしておく。小さいシリンジはピストンを底までおしこみ、大きいシリンジは半分だけおしこんだ状態にして、40cmくらいの長さに切ったビニールチューブでつなぐ。

ピストンを動かして、つなぎ目から空気がもれていないかチェックしよう。

位置に気をつけて、穴をあけよう。

用意するもの

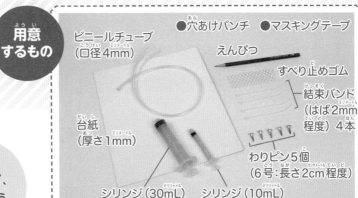

●穴あけパンチ　●マスキングテープ

ビニールチューブ
（口径4mm）

えんぴつ

すべり止めゴム

結束バンド
（はば2mm
程度）4本

台紙
（厚さ1mm）

わりピン5個
（6号：長さ2cm程度）

シリンジ（30mL）　シリンジ（10mL）

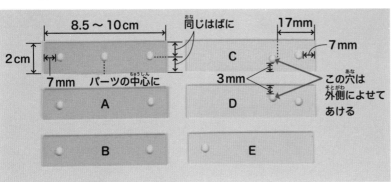

8.5〜10cm　同じはばに　17mm
2cm　　　　　　　　　7mm
7mm　パーツの中心に　　C　　この穴は外側によせてあける
3mm　　D
A
B　　E

② 台紙を切る

台紙を切り、穴あけパンチでわりピンを入れる穴をあける。

✂

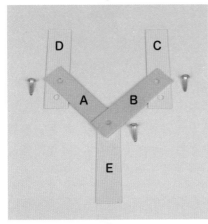

D　C
A　B
E

③ 部品を組み合わせる

写真のように部品を組み合わせて、わりピンでとめる。

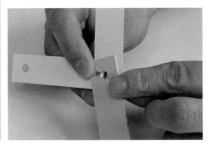

部品を重ねる順番に注意しよう。わりピンを強くしめすぎると動きが悪くなるので、確認しながら行うといいよ。

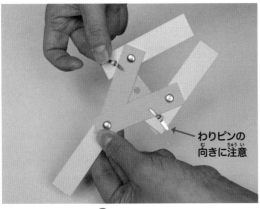

わりピンの向きに注意

④ 残りの部品を組み合わせる

③に残りの部品を組み合わせる。重ねる順番をまちがえないよう、気をつけよう。わりピンは、マスキングテープをはってとめておく。

⑤ 結束バンドをまく

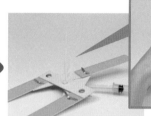
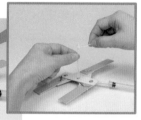

結束バンドを用意する。1本は小さいシリンジの根元にしっかりまきつけて、ロボットハンドの穴に通す。

もう1本の結束バンドを使って、ロボットハンドに固定する。

⑥ すべり止めゴムをつける

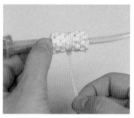
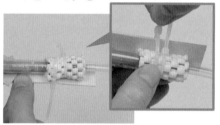

小さいシリンジにすべり止めゴムをまき、結束バンドでとめたら、もう1本の結束バンドを使って、ロボットハンドに固定する。

このとき、小さいシリンジのピストンを底までおしこんで、ハンドを全開にしておこう。大きなシリンジのピストンを動かして空気を出し入れし、バランスよく動くように調整したら、結束バンドの余分なはしを切って完成だよ。

★ ためしてみよう！

ビニールチューブをもっと長くしてみよう。ロボットハンドの動きが悪いときは、空気を送るほうのシリンジを、もっと大きなものに変えるといいよ。

◁ チャレンジ ▷

ほかのオモチャやキットと組み合わせてみよう。ロボットハンドを棒の先に取りつけると、せまいすき間にあるものをつかむことができるよ。ほかにもどんなことに使えるか、考えてみよう。

工作でサイエンス

▶空気や油に圧力を加えることで、はなれた場所へ力を伝えることができます。身のまわりの機械では、ポンプを使って大量の空気を送ったり、油などの縮みにくい液体を使ったりしています。

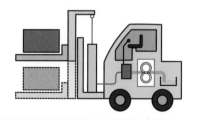

発表のしかた

ロボットハンドでつかめたものをまとめてみよう。構造を変えると、つかめたものの数や重さが変わるかどうか、くらべてみるのもいいね。実際にロボットハンドを使って見せたり、つくりかたを図や写真を使ってまとめたりしよう。

イラスト投影機をつくろう

対象学年 **3〜6年生**

むずかしさ ★★☆

所要時間 **2時間**

テーマ
光の性質（3年生）

とう明なシートに好きな絵をかいて、かべに映し出してみよう。
絵が大きく映し出されるよ。

用意するもの

牛乳パック 2本

4.5×23cmくらいの
とう明のプラスチックシート

懐中電灯

虫めがね

油性マジック

ビニルテープ

映画館に
いるみたい！

イラスト投影機のつくりかた

カッターなどを使うときは、ケガをしないように注意しよう。

① 牛乳パックを切る

1cm

牛乳パック①の上の角から1cmのところに線を入れ、切りはなす。

② スライドを入れる穴をあける

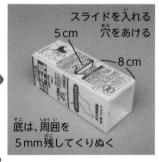

スライドを入れる穴をあける
5cm
8cm
底は、周囲を5mm残してくりぬく

下から8cmのところにスライドを入れるための穴をあける。横5cmで、はばは1〜2mmくらいの穴にしよう。底はくりぬく。

③ 別の牛乳パックを切る

ⓒ1cm
Ⓑ
8.5cm
Ⓐ
8.5cm

牛乳パック②は下から1cm、そこから8.5cmとさらに8.5cmのところに線を入れて、切りはなす。

④ 牛乳パックを切り開く

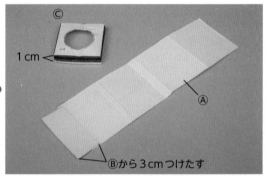

ⓒ
1cm
Ⓐ
Ⓑから3cmつけたす

Ⓐ:8.5cmに切ったⒶを切り開く。ⒶのはしにⒷから切りとった3cm分をテープではりつける。ⓒ:底は1cm残して切りはなし、虫めがねより少し小さめの円をくりぬく。

⑤ 牛乳パックをまく

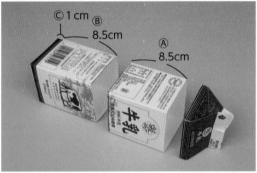

長さを調節しながらまく

牛乳パック①の円周に合わせて、④のⒶをまく。角の部分の長さを調節しながら、ぐるりと一周まき、はしをテープでとめよう。

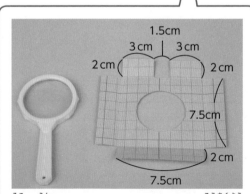

1.5cm
3cm　3cm
2cm
2cm
7.5cm
2cm
7.5cm

底の円がくりぬきにくいときは、工作用紙などでⓒをつくってもいいよ。

⑥ セットしてテープでとめる

⑤に④の©をは
めこみ、テープで
とめる。

⑦ 投影機の本体完成

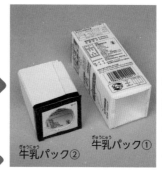

牛乳パック①と牛
乳パック②はこれ
で完成。2つをく
み合わせて使うよ。

牛乳パック② 牛乳パック①

⑧ シートに絵をかく

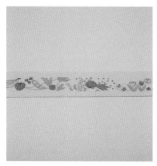

とう明プラスチッ
クシートに好きな
絵をかこう。これ
がスライドになる
んだよ。

⑨ スライドを入れてできあがり

牛乳パック②の底の
穴に虫めがねを重ね
て、テープでとめる。
牛乳パック①の切れ
こみにスライドを入
れる。2つを重ねあ
わせて完成。

イラスト投影機をつくろう

ためしてみよう！

チャレンジ① イラストを映すかべまでのきょりを変えるとどうなるかな？

チャレンジ② 虫めがねの大きさや種類を変えると、絵の見えかたはどうなるかな？
懐中電灯の種類を変えるとどうだろう？

工作でサイエンス

▶虫めがねで、絵をかべや天井に映すことがで
きます。映画館でもフィルムをスクリーンに
映すために、虫めがねと同じ性質をもつ凸レ
ンズを使っています。カメラもこれと同じ原
理で、フィルムに像を映しているのです。

発表のしかた

かべまでのきょりや、虫めがね
の種類を変えたときの見えかた
をまとめて発表しよう。連続し
た絵をかいて、アニメのように
してもいいね。

空手ゲーム盤をつくろう

対象学年 **3〜6年生**

むずかしさ ★★☆

所要時間 **3時間**

ゲーム盤の底に操作棒をあてて人形を動かし、空手で対戦しよう。棒の動かしかたによって、人形もいろいろとちがう動きをするよ。

やった〜！赤の勝ち！

くるっ！

空手の選手がたおれたら負けなど、ルールを決めて友だちと遊ぼう。

空手ゲーム盤のつくりかた

表面に1mmくらいの小さなでっぱりをつくり、このフタを2個用意する。でっぱりをつくると、コマのようにフタが回転しやすくなるよ。

① フタにでっぱりをつくる

わりばしを2cmほどはなして並べ、その上にペットボトルのフタをおいて、プラスドライバーでおす。

② ゲーム盤の脚をつくる

残りの8個のフタは、2個ずつセロハンテープではり合わせて、ゲーム盤の脚にする。

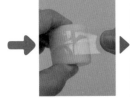

③ 工作用紙を切る

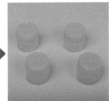

工作用紙を30cm×30cmの大きさに切り、4つの角に切れこみを入れる。

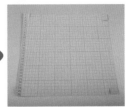

**用意
するもの**

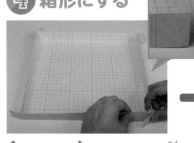

ビニタイ（赤・青）　　セロハン
テープ　　木工ボンド
わりばし　　　　　　　　　　ビニルテープ
人形の絵2人分　　　　　　　両面テープ
工作用紙　　　　　　　　　　ペットボトルの
フタ 10個
プラスドライバー　　　　ハサミ
●ボタン形フェライト磁石（4個）　　ストロー（直径6mm）

④ 箱形にする

切れこみに合わせて4つの辺をおって立ちあげる。角は切れこみ部分を重ねて、セロハンテープでとめる。

⑤ ゲーム盤に脚をつける

 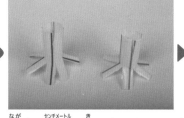

箱形になった工作用紙のうら面に、両面テープで②の脚をはりつける。これで、ゲーム盤のできあがり。

⑥ 人形を用意する

厚めの紙でつくった人形を2つ用意して、ビニタイの帯をつける。

⑦ 人形をストローにつける

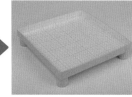

長さ2cmに切ったストローを2個用意する。それぞれ下の部分に切れこみを入れて開く。上の部分には2か所に切れこみを入れて人形をはさみ、木工ボンドをつけて固定する。

⑧ フタに磁石と人形をはる

①のペットボトルのフタに両面テープで磁石をはりつけ、さらに磁石の上に両面テープで人形の片足をはりつける。

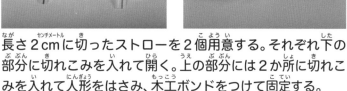

ペットボトルのフタにつける磁石の向きをおたがいに逆にしておくと、相手の人形が自分の操作棒にくっつかないんだ。

⑨ わりばしに磁石をおく

 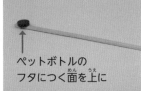

ペットボトルの
フタにつく面を上に

人形に磁石をつけて、極の向きを確認する。それぞれの人形の下側についた磁石の面を上にして、わりばしの先におく。

⑩ 操作棒をつくる

磁石とわりばしの全体をビニルテープでまき、操作棒のできあがり。この操作棒で人形を動かして遊ぼう。

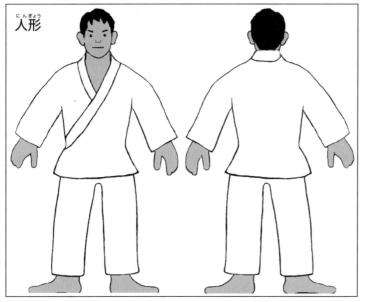

人形

※125％に拡大コピーして使おう。

⑪ ゲーム盤の完成

ペットボトルのフタと人形の帯、操作棒にまくビニルテープの色などを、それぞれ赤や青などにそろえると、対戦するときにわかりやすい。ゲーム盤を色画用紙などでかざろう。

図を厚めの紙にカラーコピーして切り取り、表とうらをはり合わせてつくってもいいし、自分で絵をかいてもいいね。

★ ためしてみよう！

◁ チャレンジ ▷
操作棒にさらに磁石をつけて、磁石のはたらきを強くすると動きはどう変わるかな？ 操作棒をうら側に向けるとどうなるかな？

工作でサイエンス

▶ 図のように、磁石をつけた棒をななめにして、ゲーム盤の下で前におすと、それに引きつけられて上の磁石も前に動きます。でも、磁石がななめになっていると磁石の片側だけが強く引きつけられて、大きなまさつが生まれます。磁石が動くときに、このまさつがブレーキになって磁石が回転するのです。

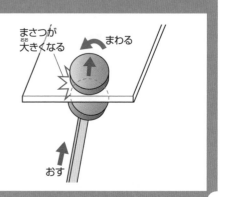

まさつが大きくなる
まわる
おす

調査
ちょうさ

☞ **調査をやるときに気をつけること**

● 調査するテーマを、あらかじめはっきりさせておくこと。
● 調査をはじめる前に、本やインターネットを使って自分なりに
　下調べをしておこう。
● 計画をしっかり立て、必要なもの（時計やメジャー、記録用紙
　など）をそろえる。
● 車通りの多いところや川、池などに行くときは、子どもだけで
　行かず、必ず大人といっしょに行こう。

葉っぱや花びらに水玉をつくろう

雨あがりに庭や公園の葉や花の上に水玉を見ることがあるね。なぜ水玉ができて、葉や花にしみこまないのか考えてみよう。

きれいな水玉ができた!

★ 調査のやりかた

① スポイトで水をたらす

水玉ができるかどうか調べたいものの上に、スポイトでほんの少しの水をたらす。そのあとで、多めの水もたらしてみよう。

② 水玉をゆらしてみる

水玉ができたら、かたむけたり、ゆすったりしてみよう。水玉はころがるかな。

水玉はころがりやすいので、そっと動かそう。

水のしみこみ方（3年生）

用意するもの
- ●調べたいもの（葉、花、木など）
- ●スポイト　●水を入れるようき
- ●食器用せんざい

ためしてみよう！

⚠️ ぬれても平気な場所でやってみよう。

チャレンジ❶

葉や花のしゅるいによって、水玉のできかたにちがいがあるのかな。葉のオモテとウラでも、ためしてみよう。

チャレンジ❷

ハスやサトイモの葉でためしてみよう。葉の上で水玉がころがるよ。

チャレンジ❸

ヨーグルトの容器のフタでも、ためしてみよう。

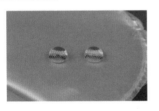

チャレンジ❹

カイコのまゆやチョウのひょうほんがあったら、ためしてみよう。ぬれないように水をはじいてるね。

カイコのまゆ

モルフォチョウ

チャレンジ❺

水に少量の食器用せんざい（あるいは消毒用エタノール）を加えて、スポイトでたらしてみよう。同じように水玉ができるかな。せんざいを入れると、水のまとまる力が弱くなるよ。

葉っぱや花びらに水玉をつくろう

調査でサイエンス

▶イネやハスは水気の多い所で育ち、葉についたどろなどを落とすために、葉の表面がでこぼこになっていて水をよくはじきます（ロータス効果）。これをヒントにつくられたのがヨーグルトのようきのフタで、中のヨーグルトがつきにくいものがあります。

▶バラの花びらでも水玉ができますが、ハスの葉とちがい、かたむけても水玉が動きません（ペタル効果）。このしくみを利用した布もつくられています。

発表のためのまとめ

調査の結果や気づいたことを表にまとめよう。その植物のくらしぶりから、どんなことがわかるかな。

調べたもの	水の様子	気づいたこと
イネの葉	水玉ができた	水を多くすると流れた
イチョウの葉	水玉ができるときもあった	水を多くすると流れた
カタバミの葉	？	？
バラの花	水玉がたくさんできた	かたむけても動かない

空を見上げてつくろう！雲ビンゴ

対象学年 **3〜6年生**

むずかしさ ★★☆

所要時間 **1か月**

毎日、空を見上げて雲の写真をとろう！　きっと、いろいろな雲がみつかるよ。みつけた雲でビンゴゲームをして、家族や友だちと勝負！

ひこうき雲	くもり雲	ひつじ雲
7月○日 ○×学校	7月○日 ○×学校	9月○日 ○×学校
スペシャルな雲	わた雲	スペシャルな雲
8月○日 自宅	8月○日 ○×学校	8月○日 ○×山
にゅうどう雲	すじ雲	あま雲
8月○日 ○×学校	9月○日 ○×学校	8月○日 ○×公園

ゆうやけ雲

雲の写真がみんなそろったね！

★ ビンゴカードのつくりかた

① 雲の種類と名前を調べる

本やインターネットなどで雲の種類と名前を調べる。代表的な雲は世界共通で10種類あり、正式な名前も決められているよ。もちろん、それ以外にもたくさんの雲の種類があり、日本名もいろいろあるんだ。

9つの雲の例

● わた雲（よくあるもこもこした雲）
● にゅうどう雲（夏によく出てくるかみなり雲）
● くもり雲（くもった日のどんよりとした雲）
● あま雲（雨の日の暗い雲）
● すじ雲（空の高いところにできる細い線のような雲）
● ゆうやけ雲（夕方、西の空に見える赤みがかった雲）
● ひこうき雲（ひこうきが通ったあとにできる、まっすぐな線のような雲）
● 雲ひとつない空（まったく雲がない青空）
● スペシャルな雲（とても不思議な雲ならOK！動物の形に見えるなど）

テーマ

雲と天気の変化
(5年生)

用意するもの
●デジタルカメラ　●写真が印刷できるプリンター
●画用紙　●ペン

② 夏に見られる雲を9つ選ぶ

調べた雲の中から、夏に見られそうな雲を9つ選んで決める。見なれてこないと、すぐにはっきりと名前が決められない雲もあるので、見てわかりやすい雲の種類を選ぼう。それを画用紙に、左の写真を参考に好きな位置にかきこみ、ビンゴカードをつくる。ビンゴ対決をする場合は、雲の名前の並びかたを変えた紙を人数分、用意する。

③ 雲の写真をとる

毎日、空を見て、いろいろな雲を探す。ビンゴカードの中にかいた雲が見つかったら写真をとる。カードの中にない雲の写真もとっておくと楽しいし、まとめの発表に活用することができるよ。

④ 雲の写真をビンゴカードにはる

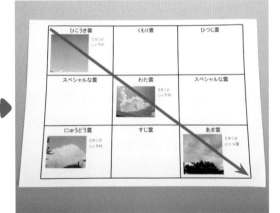

とった写真は、プリントしてビンゴカードにはりつける。見た場所と日にちもかいておこう。たて、横、ななめに写真がそろえばビンゴになるよ。1か月でいくつのビンゴができるか挑戦しよう。

⑤ 雲をよく観察する

1日のうちでも、雲の種類はどんどん変わっていくので、同じ日にも何回か空を見よう。

旅行などに行ったときにも空を見てみよう。場所によって見られる雲が変わるかどうかも大切だよ。

空を見上げてつくろう！ 雲ビンゴ

139

ためしてみよう！

＜チャレンジ❶＞

夏休みが終わると秋。秋は夏以上に美しい雲が見られる季節だよ。うろこ雲、ひつじ雲などは俳句の秋の季語にもなっているね。ビンゴの秋バージョンをつくって、空の観察を続けてみよう。春夏秋冬の４つの季節でやってみると、１年間の空の様子がとてもよくわかるようになるよ。

＜チャレンジ❷＞

自然を利用したビンゴには、さまざまな種類が考えられるよ。夏休みを通じて、９種類の昆虫を探してみる昆虫ビンゴなども楽しいね。

ハチ	バッタ	チョウ
テントウムシ	スペシャル	アリ
セミ	トンボ	ガ

＜チャレンジ❸＞

カメラで写真をとるのではなく、絵をかいてみてもいいね。ビンゴカードのつくりかたになれたら、４×４マスの16マスのビンゴをつくり、世界で決められている10種類の雲を、時間をかけて全部探してみよう。

世界で決められている10種類の雲
※➡で示しているのは、雲の通称です

- ●巻雲（けんうん）　　　　　　➡すじ雲
- ●巻積雲（けんせきうん）
　　　　　　　　➡うろこ雲・いわし雲
- ●巻層雲（けんそううん）　　　➡うす雲
- ●高積雲（こうせきうん）　　　➡ひつじ雲
- ●高層雲（こうそううん）　　　➡おぼろ雲
- ●乱層雲（らんそううん）　　　➡あま雲
- ●層積雲（そうせきうん）　　　➡くもり雲
- ●層雲（そううん）　　　　　　➡きり雲
- ●積雲（せきうん）　　　　　　➡わた雲
- ●積乱雲（せきらんうん）　➡にゅうどう雲

いろいろなビンゴカードをつくって、友だちと勝負しよう！

調査でサイエンス

▶雲にはたくさんの種類があることがわかります。その日の雲の種類と天気には、重要なつながりがあります。

発表のためのまとめ

１か月続けた雲ビンゴのカードを見せて、どんな雲が多かったか、雲と天気・気温の関係など、気がついたことを発表しよう。

工場見学をしよう

むずかしさ ★★☆

ふだん、何気なく使っているさまざまなものは、どのようにつくられているんだろう。ものがつくられていく様子を工場で見学しよう。

テーマ

日本の産業
（5年生）

用意するもの
- ●ノートやメモ帳
- ●筆記用具
- ●カメラ

下調べをしっかりと！

自分でつくった丸皿、すごいね！

金属をさまざまな形に加工する「へらしぼり」体験

取材協力：株式会社北嶋絞製作所

調査のやりかた

① 見学にてきした工場を探そう

コンピュータがロボットを動かして製品をつくっている工場もおもしろいけれど、職人がものづくりをしている現場を見せてもらえると、人びとの努力や産業の発達の歴史を間近に感じとることができるね。まず、自分の住んでいる地域にはどんな特産品があって、どこでつくられているか、電話帳やインターネットなどを活用して調べてみよう。また、製品に製造元の住所や電話番号が書いてある場合、そこに問いあわせてもいいね。

② 見学の申しこみをしよう

見学を受け入れることは、工場にとってはたいへんなことなんだ。工場では見学の案内ができる人を手配しないといけないからね。申しこみは、大人にお願いしよう。学校の勉強のためだということをきちんと伝えてもらうことができれば、受け入れてくれる工場もあるよ。1人でなく、友だちもさそって数人で見学を申しこむといいね。

③ 準備しよう

見学の前に、製品に関係することが書いてある本を借りて読んでおこう。工場のホームページがあれば、それを読むのもいいね。下調べをすると疑問も出てくるはずだよ。工場の人にしてみたい質問をいくつか書き出しておこう。見学の様子は写真でとると、あとでまとめやすいね。でも、写真をとることばかりに夢中になると工場の人の話をきちんと聞けなくなるから、友だちと相談して、写真係、質問係、メモ係など、あらかじめ決めておくといいね。役割に応じてカメラやメモ帳を用意しよう。

見学の注意

- 見学には、大人にもついてきてもらおう。
- 工場の人にきちんとあいさつしよう。
- 写真をとっていいかどうか、あらかじめ聞こう。
- おいてあるものを勝手にさわらないようにしよう。
- 危険なこともあるので、まわりに注意してゆっくり歩こう。

工場見学に出かける

① 工場の人にあいさつをする

工場についたら、きちんとあいさつをしよう。見学の前に、工場の人が工程を説明してくれることもあるのでしっかり話を聞こう。今回は北嶋絞製作所（東京・大田区）で「へらしぼり」の工程を見せてもらったよ。

② 棒状の工具「へら」

回転する金属板に棒状の工具をおしあてて力を加え、さまざまな形に加工するのが「へらしぼり」の技術だよ。加工に使う、この棒状の工具を「へら」と呼ぶんだ。

③ 金属板をセッティング

円ばん状に加工したアルミの金属板を、しぼり旋ばんと呼ばれる機械の回転じくに固定したら、いよいよ、へらでしぼって加工していくよ。しぼり旋ばんの回転じくには、型が固定されていて、この型にあわせて金属板を加工していくんだ。

④ へらしぼりの加工開始

しぼり旋ばんを高速で回転させながら、金属板にへらをおしあてて加工していく。てこの原理を応用して、へらに力を加えると、だんだん金属の形が変わっていくよ。

⑤ 金属が形を変えていく

全身を使って、スムーズに体重を移動しながら、へらのあてかたを変えて加工していく。

⑥ 加工が完了

へらで金属の厚さを一定にし、表面をなめらかに整えれば完了。型どおりの、きれいな形に仕上がったよ。

7 「へらしぼり」の体験

工場によっては、作業などを体験させてくれる。工場の人の指導にしたがって、挑戦してみよう。貴重な体験になるはずだよ。

8 見学のあとで

見学を終えたら、記おくが新しいうちに見学の感想を書こう。感想のコピーをそえて、工場あてに手紙でお礼を書いて送るといいね。

発表のためのまとめ

その工場を見学しようと思った理由や、見学前に調べたこと、実際に見学したことや体験したこと、見学してわかったことなどをまとめよう。

○○工場見学
○年○組○○○○

目 次
1. _____
2. _____
3. _____
4. _____
5. _____

1. 見学の理由

2. 見学前に調べたこと
金属製品のつくられかた
プレスとは_____
へらしぼりとは_____

3. 工場の紹介
場所_____
歴史_____
製品_____

どうしてその工場を見学しようと思ったのか。

本や工場のホームページにかいてあることをまとめよう。本の題名と出版社名、ホームページのURLも書いておこう。

工場のパンフレットを参考にしてまとめよう。

4. 工場に行ってみました
(1)
(2)
(3)
(4) (5)

体験させてもらいました

5. 見学してわかったこと

6. 感想
記念写真

製品のつくられかたを順を追ってまとめていこう。

見るだけでなく、体験させてもらえるといいね。

わかったことと感想は、できれば分けて書こう。わかったことは、工場の人の話を中心に事実を書き、感想では、自分が思ったことを中心に書くといいよ。

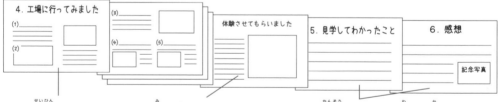

5、見学して分かったこと

金属製品の多くは、プレスといって機械で型に押しつけて作っている。しかし、北嶋絞製作所では人が手作業で金属板を曲げて製品を作っていた。なぜなのだろう。プレスのためには型を作らなくてはならない。型を作るのには、お金と時間がかかる。製品を大量に作るならプレスがいいけれど、試作品などを作る場合には、へらしぼりの方が早く安くできるからなのだ。また、ここではロボットもあった。ロボットはプログラムを入力すると正確に製品を作る。しかし複雑な形のものを作る場合はプログラムを入力するのに3日もかかることがあるそうだ。一方人間はわずかな形の調節を力の入れ具合をかえて対応することができる。見学を通して製品によって人の手で作った方がいい場合があることが分かった。

6、感想

へらしぼりはプレスでやるより効果的なことがあることを知ってすごいと思いました。この原理を応用して金属の板に人の手で大きな力を加えるのは、めずらしいけれどすごくいい方法だと思いました。実際にへらしぼりをやらせていただいたときは本当にしぼっているのだという感しょくが手から伝わってきました。

火を使う危ない作業もあったけれど工場の人の仕事を見ていてすごくなれているなーと思いました。

電柱と電線の力のつりあい

対象学年 **4～6年生**

所要時間 **1時間**

テーマ

力の働き（中学1年生）

むずかしさ ★★☆

電柱をよく見ると、電柱から地面にななめに線がのびていることがあるね。この線の役割を、もけいで再現して考えてみよう。

用意するもの

セロハンテープ

ねん土

わりばし

輪ゴム 3本

まずは電柱からのびる支線を、実際に外に出て観察してみよう。

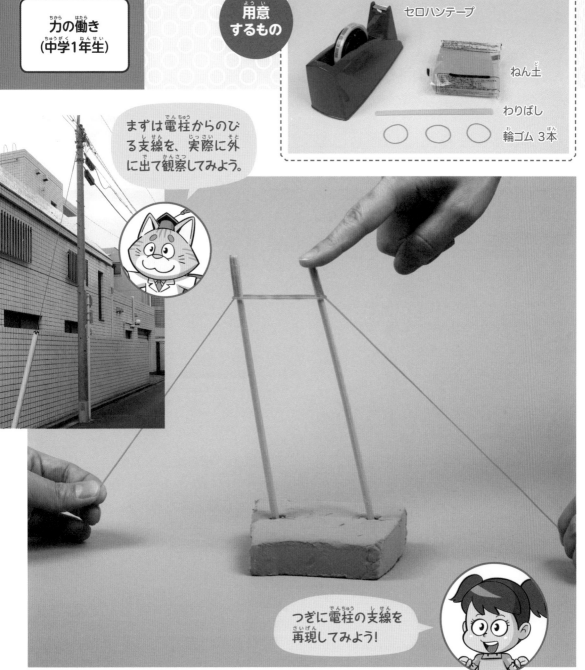

つぎに電柱の支線を再現してみよう！

145

調査のやりかた

1 輪ゴムを切る

わりばしをまんなかでわり、2本にする。輪ゴムを1か所はさみで切り、1本にしたものを2つつくる。

あとで輪ゴムがとれないように、セロハンテープをしっかり強めにまきつけておこう。

2 輪ゴムをわりばしにつける

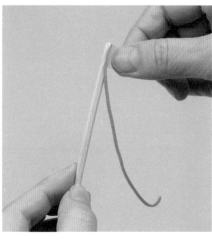

わりばしの先端に、輪ゴムをセロハンテープではりつける。これを2セットつくる。

3 わりばしをねん土に差しこむ

2本のわりばしを、ねん土に差しこんで垂直に立てる。このとき、2本のわりばしの間を輪ゴムの大きさよりも少し広くあける。わりばしの先端に、切っていない輪ゴムをひっかける。

輪ゴムをひっかけると、垂直に立っていた2本のわりばしが、輪ゴムにひかれて内側にかたむくよ。

輪ゴムをひっかける

輪ゴムの大きさよりも少し広くあける

4 輪ゴムをひっぱる

わりばしからのびた2本のゴムを、外側に向かってひっぱってみよう。

わりばしがねん土に垂直になるのがわかるね。

⑤ わりばしをゆする

指でわりばしをゆすって、わりばしの様子を見てみよう。

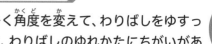

チャレンジ❶

わりばしを指でゆする方向をいろいろ変えて、わりばしのゆれかたを調べてみよう。

チャレンジ❷

ゴムをひく角度を変えて、わりばしをゆすったときに、わりばしのゆれかたにちがいがあるか、調べてみよう。

調査でサイエンス

▶力を加えると、ものは変形したり、動いたりします。2つ以上の力がものに加わると、力の向きや大きさが足し合わされるため、わりばしに加わる力は、より下に向くことになり、わりばしは安定するのです。

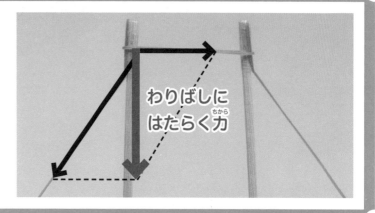

わりばしにはたらく力

発表のためのまとめ

次の①～④について調べ、発表してみよう。

①わりばしについたゴムをひいたときと、ひかないときで、わりばしのゆれかたが変わるかどうか。

②わりばしを指でゆするとき、もっともゆれやすい方向と、ゆれにくい方向はどこか。

③ゴムとわりばしの角度を変えたとき、もっともゆれにくい角度と、ゆれやすい角度はどこか。

④実際に街に出て、電柱と支線を観察してみよう。街で見かけた気になる電柱をモデルに再現し、電柱にはたらく力を考えよう。

身近な水を調べよう

対象学年 **4〜6年生**

所要時間 **3時間**

むずかしさ ★★☆

私たちの身近な水環境はどうなっているのか、川や池の水は汚れているのか、観察や水質検査で調べてみよう。

用水路

川での採水

川には大人といっしょに行こうね。

身近な用水路での採水

調査のやりかた

① まわりにどんな水があるか調べる

私たちのまわりには、どんな水があるかを調べてみよう。家のまわりの川や用水路のほか、家の中にも水道水やミネラルウォーターがあるね。家の中にある水のリストをつくったり、家のまわりの地図をコピーして、家のまわりにある水の場所を探してチェックしてみよう。

家のまわり
⇒川、用水路、池、湖、わき水、雨水

家の中
⇒水道水、ミネラルウォーター、風呂、井戸水、水そう

**用意
するもの**

500mLペットボトル数本
（あらかじめ洗ったきれいなもの）

プラスチックカップ
（プリンカップなどを洗ったものでもよい）

バケツ

パックテスト®
（COD）

ひしゃく

ろうと

バインダー

記録用紙

ロープ（ひも）

筆記用具
（マジック）

温度計

メジャー

●ビニルテープ（白）

家のちかくに
どんな川があるか調べて、
天気のいいときに
出かけよう。

② 川を観察する

川を観察して、シートに記録する。シートには、川の名前、調査した日時、気温、水温、水の色、におい、まわりの様子などを記録しよう。事前に記録シートをつくっておくといいよ。水の色や水量、川の全体像、まわりの様子がわかるように、写真で記録してもいいね。

③ 水をくむ

バケツやひしゃくで水をくむ。なるべく川のまん中で水をくむこと。川の水に手がとどかないときは、ロープを結びつけたバケツでくむとよい。

川の中や川べりはすべりやすいので、十分に注意しよう！

④ ラベルをはり、水を観察する

水をペットボトルの口いっぱいに入れてフタをする。ビニルテープでラベルをつくり、川の名前を書いてはっておく。水をカップに少しとり、色やにおいを観察しよう。

身近な水を調べよう

ためしてみよう！

チャレンジ❶

パックテスト®（COD）を使って水質検査をしてみよう。CODとは、水中の有機物（汚れのおもな成分）が化学的に消費される酸素量をあらわし、水中の有機物の量のめやすになり、汚れぐあいがわかる。

	0	0～2	2～5	5～10	10～
評価	きれいな水	少し汚染がある	汚染がある	汚染が多い	汚れた水

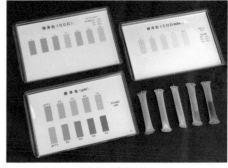

パックテスト®（COD、PH）

※お問い合わせは共立理化学研究所
（http://kyoritsu-lab.co.jp/）まで。

①くんできた水をカップにうつす。

②チューブの先の黄色い糸を引きぬく。

③穴を上にして、指でチューブをおりたたみ、中の空気を出す。

④穴を水に入れ、指が水にふれないようにして半分くらいまで水をすいこむ。

⑤かるくふり、指定の時間がたったら標準色の上において色をくらべる。

チャレンジ❷

おいしい水とはどんな水だろう。くんですぐの水道水やふっとうさせた水、浄水器を通した水、ミネラルウォーターなど、いろいろな水を家族で飲みくらべてみよう。ボトルのラベルにはってある成分表を見てちがいを調べてみよう。

調査でサイエンス

▶地球上に水があったおかげで生命が生まれ、生物のすめる環境がつくられました。水道水や身近な川を知るために、水辺に出かけて調べることはとても大切です。水道水のもとは川の水ということを知って、川の水や環境について考えてみましょう。

発表のためのまとめ

家のまわりや家の中の水リストをつくってみよう。身近な川などを写真にとり、調査したデータや感想とともに水環境マップをつくるのもいいね。飲みくらべた水の感想も表にしてみよう。

家のまわりや家の中の水リスト

家のまわり	家の中
川	水道水
池	水そう
ぬま	おふろ
用水路	ミネラルウォーター
雨水	井戸水

自由研究のテーマ45

手軽にできるテーマを紹介するよ

実験1 輪ゴムとトレイでギター

用意するもの 輪ゴム8本、トレイ、セロハンテープ

トレイの上下に8本の切れこみを入れて輪ゴムをかけ、トレイの後ろで輪ゴムをセロハンテープでとめる。

ためしてみよう! 輪ゴムをはる強さを調節し、高い音ほど輪ゴムがピンとはるようにしよう。

実験2 わりばしで1円玉を飛ばす

用意するもの わりばし、1円玉、えんぴつ(またはペン)、巻尺

えんぴつの上にわりばしをおく。わりばしのはしに1円玉をおき、反対のはしを指でおす。1円玉が飛んだ高さを巻尺ではかる。

⚠ 高く飛ぶことがあるので気をつけて。

ためしてみよう! 1円玉をおく場所や、支点になるえんぴつの位置を変えて、飛ぶ高さがどう変わるか調べる。

実験3 蛍光灯を光らせる

用意するもの 蛍光灯、塩化ビニルパイプ、ティッシュペーパー、ガムテープ

蛍光灯とパイプをガムテープでとめ、ティッシュでパイプを何度かこする。暗い部屋でやると、静電気で蛍光灯が光る。

⚠ 蛍光灯は落としてわらないように気をつけて。

ためしてみよう! ティッシュのかわりに、木綿・ウール・化学せんいなどの布でこすって、光りかたをくらべよう。

実験4 水に磁石をうかべる

用意するもの せんめん器、棒磁石、発ぽうスチロール容器

せんめん器に水を入れ、発ぽうスチロール容器をうかべる。そこに棒磁石をのせると、方位磁針と同じように、南北を向く。

ためしてみよう! 棒磁石の数を増やすと回転の速さは変わるだろうか。U磁石ではどうだろうか。

実験5 1円玉を水にうかべる

用意するもの せんめん器、1円玉

せんめん器に水を入れ、水面に1円玉をうかべてみよう。1円玉の重さで水面が下がり、1円玉どうしがくっつく。

ためしてみよう! 3枚なら三角形、7枚なら花の形になることが多いよ。ほかにどんな形ができるかな。

実験6 日光でお湯をつくる

用意するもの ホース、黒いガムテープ、温度計

ホースにテープをまき、じゃぐちにつなぐ。はしは持ち上げて中に水がたまるようにする。これを日光に当て、お湯をつくる。

ためしてみよう！ ホースの長さやおきかたを工夫して、より高い温度のお湯をつくろう。

実験7 ゼラニウムの花びらのたたき染め

用意するもの 赤いゼラニウムの花、画用紙、綿棒、酢、石けん

花びらを画用紙にのせ、指でこすり、色を写す。写した色に綿棒で酢をつけるとピンク色に、石けんをつけると青色になる。

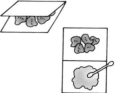

ためしてみよう！ アサガオなどの他の花でもできるかやってみよう。

実験8 空中に止まるしゃぼん玉

用意するもの ドライアイス、しゃぼん液、プラスチック水そう、新聞紙、ストロー

ドライアイスを新聞紙をしいた水そうに入れ、しばらくおく。その中にしゃぼん玉をふきこむと、これが空中で止まる。

ためしてみよう！ 大きいのと小さいのでは、どちらがうかびやすいかな。しゃぼん玉はだんだんとふくらんでいないかな。

実験9 うきあがる絵をかく

用意するもの 新聞紙、サラダ油、筆

新聞紙にサラダ油をつけた筆で絵をかく。それに水をかけると、油をつけたところだけが水をはじいてうきあがって見える。

ためしてみよう！ できあがった絵のまわりを、ていねいにやぶいてみよう。型ぬきができるよ。

実験10 合わせ鏡に映してみよう

用意するもの 鏡2枚、映す物2〜3個

鏡を2枚、向かい合わせにおく。その間に物を1つおき、一方の鏡をのぞいてみよう。

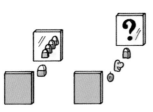

ためしてみよう！ 鏡の間に、物を2〜3個ならべてみよう。鏡の中では、どんな順番で映っているかな。

実験11 アルミ缶つぶし

用意するもの ペットボトル型アルミ缶、熱湯

熱湯を缶に入れ、ゆっくり回して中を湯気でいっぱいにする。お湯を捨ててフタを閉める。水蒸気が冷えると缶がつぶれる。

ヒント 熱湯でないと缶はつぶれないよ。

⚠ やけどしないように気をつけよう。

ためしてみよう！ 容器の大きさや材料を変えるとどうなるか、調べてみよう。

実験 12 酢であぶり出し

用意するもの 画用紙、食酢、皿、綿棒、わりばし、ホットプレート

食酢をつけた綿棒で画用紙に文字や絵をかき、かわいたら、熱したホットプレートにのせる。かいた文字や絵がうかびあがってくる。

ためしてみよう! ⚠ 目をはなさないようにして、やけどに注意しよう。
酢のかわりにレモンやみかんの汁でもやってみよう。

実験 13 紙パックからうず輪を出す

用意するもの ドライアイス少量、1 L 紙パック1本、ビニルテープ、40℃くらいのお湯、せんたくばさみ、軍手

紙パックにまるい穴をあけ、中にドライアイスと少量のお湯を入れる。口をせんたくばさみで閉じ、穴と反対側の側面を指でたたく。

ためしてみよう! ⚠ ドライアイスのあつかいに注意しよう。
ろうそくの火をドライアイスのうず輪でねらい、消してみよう。

実験 14 息でまるまる紙

用意するもの トレーシングペーパー、クレヨン、ポリ袋

ペーパーのざらざらな面の上部にクレヨンで色をぬる。1cmはばに細長く切り、色をぬった面を外側にしており、2～3回息をふきこんだポリぶくろに入れてふる。

ためしてみよう! 紙は息にふくまれる湿気を吸ってのびるけど、クレヨンをぬった面は湿気を吸わないから曲がるんだよ。

実験 15 しょうゆでうず輪

用意するもの 透明なコップ、ストロー、しょうゆ

水を入れたコップに、ストローで水面から1cmほどの高さからしょうゆを1てき落とし、うず輪をつくろう。

ためしてみよう! しょうゆのかわりにぶどうジュースでもできるよ。うず輪をうまくつくるコツは何だろう。

観察 1 光をとおさないものはどれ?

用意するもの 陶器のコップ、とう明なコップ、黒い画用紙、アルミはく

用意した物のうち、光をとおさないものはどれか。目に当てて、暗い部屋から明るい外を見てみよう。

ヒント 画用紙とアルミはくは、とう明なコップにまいて調べよう。
⚠ 太陽を直接見ないようにしよう。

ためしてみよう! 陶器のどんぶりはどうか。暗くした部屋のカーテンのすきまから外を見てみよう。

観察 2 水てきでテレビ画面を拡大して見る

用意するもの テレビ（またはパソコンのモニター）、水

指先に水をつけて、テレビ画面にさわり水てきをつける。水てきに顔を近づけていくと、水てきに赤・緑・青のもようが見える。

⚠ 長い時間やると目によくないよ。機器に水をかけないようにしよう。

ためしてみよう! 画面が何色のとき、3色がはっきり見えるだろう。

観察 3 上昇気流をつかまえよう

用意するもの しゃぼん液、ストロー、うすいポリ袋、細い糸

風のある日に、建物がL字に曲がった場所でしゃぼん玉を飛ばしてみる。上昇気流でしゃぼん玉がぐんぐん上がることがある。

ためしてみよう！ 糸をつけたポリぶくろを上昇気流のある場所で飛ばしてみよう。

観察 4 緑色のセロファンで赤い花を見る

用意するもの 緑色のセロファン（下じきでもよい）、赤い花

緑色のセロファンをとおして赤い花を見る。赤い光が目にとどかず、黒く見える。多くの昆虫は赤い色が見えないらしい。

ためしてみよう！ 赤と緑、赤と青のセロファンを重ねて蛍光灯を見てみよう。

観察 5 くっつく種を集めよう

用意するもの 植物図かん

背の高い草のある公園や河原などで、長ズボンをはき、草の間を歩いてみよう。いろいろな種がくっつくよ。

⚠ ひと気のないところには子どもだけで行かないようにしよう。

ためしてみよう！ 見つけたら、植物図かんなどで何の種か調べてみよう。

観察 6 セミのぬけがらの名たんてい

用意するもの セミのぬけがら、虫めがね（あれば）

ぬけがらを観察してセミを分類してみよう。しょっ角の節の間かくと太さが手がかりになるよ。

オス　　メス

ためしてみよう！ 腹のうら側下部分のちがいでオス、メスが区別できるよ。

観察 7 月の動きを見る

用意するもの ビデオカメラ、カメラ用三脚

三脚に取りつけたビデオカメラで月を10分ほど映そう。大きなズームでとると、月が動いていることがはっきりわかるよ。

ためしてみよう！ ビデオカメラをテレビにつないで、さらに大きな画面で見てみよう。映像の早送りも楽しいよ。

観察 8 おふろで水の板をつくろう

用意するもの シャワーの使えるおふろ、タオル

タオルを細長く2つにおり、その間にシャワーで水を出す。タオルを図の矢印のように動かすとタオルから落ちる水が、ガラス板のように見える。

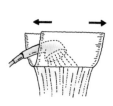

ためしてみよう！ 水のいきおいや、タオルの種類を変えてみよう。

観察 9 砂浜で宝探し

用意するもの ポリぶくろ

砂浜には、貝がらや木の実、めずらしい骨など、いろいろな物が波によって打ち上げられる。宝物を探しに行こう。

⚠️ 海へは大人の人といっしょに行こう。

ためしてみよう！ その砂浜がどの海流の近くかを調べると、宝物がどこから来たのかを推測できる。

観察 10 川の中にある石のうらを見てみよう

用意するもの 川に入れる服装、くつ

川の中のできるだけ大きな石をうら返す。石に生き物がついていることがある。生き物のために、石はもとどおりにしよう。

⚠️ 川に流されないように、必ず大人の人についてもらおう。

ためしてみよう！ 上流と下流、水質によって生き物の種類がちがうよ。いろいろな場所で調べてみよう。

工作 1 水面を進む船

用意するもの 発ぽうスチロール容器、うがい薬（エタノール入り）、水、せんめん器

容器を図のような形に切り、せんめん器の水にうかべる。Ｖ字の切れこみのところにうがい薬を1てきたらすと進む。

ためしてみよう！ うがい薬のほかに、タバスコやヘアトニックなど、ちがうものをたらしてみよう。

工作 2 ミニミニブーメランをつくろう

用意するもの 厚紙

厚紙を好きな形に切り、片手の人さし指に乗せる。もう片方の人さし指で強くはじくと、くるくる回転して飛ぶよ。

⚠️ 人に当たらないように注意しよう。

ためしてみよう！ いろいろな形や大きさの紙でためしてみよう。

工作 3 お天気パラパラまんが

用意するもの 新聞紙（1か月分）、画用紙、のり、ひも、穴あけパンチ

新聞に出ている天気図を1か月ほど毎日集め、画用紙のはしにそろえてはる。重ねて、ひもでとじる。パラパラめくると雲が動いて見えるよ。

ためしてみよう！ 台風のとき、天気図はどのように変わってくるかな。

工作 4 石ころに絵をかこう

用意するもの 石、絵の具

ひろった石に絵の具で色をぬり、好きな絵をかいてみよう。

ためしてみよう！ 石の形をよく見て、何の形に似ているか考えて絵をかこう。

観察

工作

工作 5　水でうき出る文字

用意するもの　画用紙、でんぷんのり、クレヨン、筆、小皿、水、トレイ

でんぷんのりと水（1：2）をよくまぜ、筆につけて紙に文字や絵をかく。かわいたら全体をクレヨンでぬる。水に10分ほどひたし、表面を筆でこする。

ためしてみよう！　水につけると、でんぷんのりがとけ、その上のクレヨンも取れて、文字や絵がうかびあがるよ。

工作 6　かんたんおり染め

用意するもの　習字用の半紙、絵の具

半紙を何回もおり、小さな四角にする。角の部分を絵の具にひたしてみよう。開くともようができている。

ためしてみよう！　三角形などいろいろな形におってから、角の部分を絵の具につけるとどうなるかな。

工作 7　自立するペン立てをつくろう

用意するもの　カラーワイヤー（手で曲げられるもの）、磁石、ペンチ、えんぴつ

えんぴつに接着剤などで磁石をつける。カラーワイヤーでペン立てをつくり、ペン立ての先に磁石をつける。えんぴつを立て、ペン立ての高さを調節する。

⚠ ワイヤーの先でけがをしないように注意しよう。

ためしてみよう！　えんぴつが自立する、ちょうどよいペン立ての高さを見つけよう。

工作 8　宙返りプラコップ

用意するもの　プラスチックコップ2個、輪ゴム3本、セロハンテープ

2つのプラスチックコップの底の面を合わせ、周囲をテープでとめる。3本の輪ゴムを1本につなぎ合わせ、コップにまいて飛ばす。

ためしてみよう！　輪ゴムを親指でおさえて4〜5回くらいコップにまき、輪ゴムを持ったままコップをはなしてみよう。

工作 9　宝物のレプリカをつくろう

用意するもの　石こうの粉末、紙コップ、わりばし、スプーン、油ねん土、型をとりたいもの、水

油ねん土に型をとりたいものを押しつける。紙コップに石こうの粉末をスプーン1〜2杯入れて水を少しずつまぜ、型に流し込んで、ひと晩かわかす。

ためしてみよう！　石こうにまぜる水の量は、わりばしを持ち上げてツノができるくらいが目安だよ。

工作 10　アルミパックの空気でっぽう

用意するもの　アルミパックの空のジュース容器、ティッシュペーパー

ジュース容器の口に、ぬらしたティッシュを軽くつめて、容器をげんこつでたたくと、ティッシュが飛ぶ。

ためしてみよう！　ティッシュを遠くに飛ばす工夫をしてみよう。

工作 11　まりつき風船をつくろう

用意するもの　ふくらませた風船、ビニルテープ

風船にテープをたてと横に注意深くまいてできあがり。ボールのようにまりつきができる風船になるよ。

ためしてみよう!　風船の大きさや、まくテープの量を変えるとどうなるかな?

工作 12　暗い部屋で光るCDゴマ

用意するもの　工作13と同じ虹色ゴマの材料、ちく光シール

工作13の①と同じようにCDコマをつくり、表面にちく光シールをはる。光に当てたあと、暗い部屋でまわしてみよう。

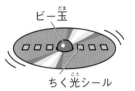

ビー玉

ちく光シール

ためしてみよう!　コマの光の通ったあとがどんな形になるか、観察してみよう。

工作 13　虹色コマをつくろう

用意するもの　使わないCD、ビー玉(直径1.5cmくらい)、水性カラーマジックなど、クリップ2個、紙、セロハンテープ

①CDの穴にビー玉をセロハンテープでとめる。
②紙を直径12cmの円に切り、赤、青、黄など好きな色でぬってコマシートをつくる。中心(直径1.5cm)は切りとる。
③コマシートをCDにのせて、左右をクリップでとめる。
④親指と人差し指でビー玉をつまみ、ひねってまわす。

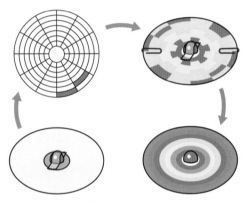

ためしてみよう!　シートにぬる色を変えてまわすと、どんな色があらわれるか観察しよう。

工作 14　声こぷたーをつくろう

用意するもの　紙コップ、つまようじ、厚紙、ビーズ、画びょう、セロハンテープ

①厚紙を1cm×4cmに切り、中心に画びょうで穴をあける。
②紙コップの底のふち部分に穴をあけ、つまようじを通してテープでとめる。
③つまようじの先に厚紙のプロペラをのせ、ビーズでとめる。

ためしてみよう!　紙コップを両手でしっかりと持ち、大きな声を出してプロペラを回転させよう。

4cm

1cm

　画びょうでけがをしないように注意しよう。

工作

工作 15　たんぽぽパラシュート

用意するもの　発泡スチロールの食品用トレイ１個、ポリぶくろ１枚、まるいシール２枚、白の油性ペン、セロハンテープ

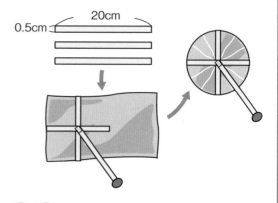

①発泡スチロールトレイを３本に細く切る（１本は20cm×0.5cmくらい）。

②ポリぶくろの上に、①を十字型にセロハンテープでとめる。

③残った１本を②の中心にセロハンテープでとめ、先にシールをはる。

④ふくろをまるく切り、白の油性ペンでわた毛をかく。

ためしてみよう！　高いところから落とすと、どんなふうに落ちるか観察してみよう。

工作 16　ストローだこ

用意するもの　B4の紙、ストロー２本、セロハンテープ、たこ糸５m、厚紙片、ペン

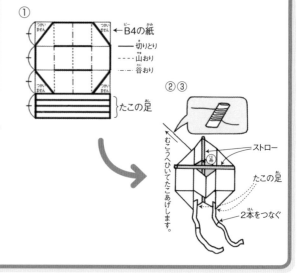

①B4の紙を図のように切っておる。

②２本のストローとたこの足をセロハンテープでとりつける。

③たこ糸をストローに結びつけてできあがり。たこ糸は厚紙片にまきつけておこう。

ためしてみよう！　たこに自立つ絵をかいてみよう。

工作 17　おり紙風車

用意するもの　おり紙、画びょう、太さのちがうストローを１本ずつ、えんぴつ

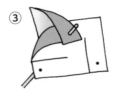

①おり紙をたてに２回おって広げ、よこにも２回おる。４か所に線を引き、切れこみを入れる。

②図の×印の位置に細いストローがぴったりはいる大きさの穴をあける。画びょうで穴をあけ、えんぴつで広げよう。

③中心にストローをさし、時計まわりに紙をはめる。

④４枚はめたらストローの先を切って広げる。反対側も、太いストローをさしてから同じように切る。

ためしてみよう！　紙の大きさを変えると、どうなるかな？

工作 18　スライムスーパーボール

用意するもの　PVA入り洗たくのり、塩、紙コップ、わりばし、キッチンペーパー、新聞紙

①紙コップに洗たくのりを2cm（指2本）くらい入れ、スプーン3杯の塩を加える。

②わりばしでよくかきまぜる。かたまらないときは、塩をもう1ぱい加えてみよう。

③かたまりを取り出して、手でまるめる。さらに、新聞紙にキッチンペーパーをしき、その上で水が出なくなるまで転がす。

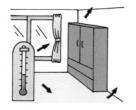

⚠ 口に入れないように気をつけよう。遊び終わったら手をあらおう。

ためしてみよう！　①で絵の具を少しまぜて、色つきのボールにしてみよう。

調査 1　家の中で一番すずしい場所を探す

用意するもの　温度計

家の中のいろいろな場所の温度を測ろう。日の当たりにくい北側の床付近がすずしいはずだが、どうだろう。

ヒント　冷暖房をつけない状態で観察しよう。

ためしてみよう！　一番暑い場所も探そう。二段ベッドがある家は、上段を測ってみよう。

調査 2　河川しきのそうじをしよう

用意するもの　軍手、ポリ袋

大人といっしょに河川しきのごみ拾いをする。一番多いごみは何だろうか。ごみの多い場所はどこだろうか。

⚠ 川へは大人の人といっしょに行こう。

ためしてみよう！　ごみの多い場所で何が捨てられたか調べてみよう。

工作

調査

おうちのかたへ

　世界の人口は増え続け、水・食料・エネルギーの確保が世界的な課題になっています。しかし、子どもたちには未来に明るい希望をもって、夢に向かって進んでほしいものです。そのために私たちは、子どもの進む道を明るく照らしてあげなければなりません。

　私たちが健康で安全に暮らすためになくてはならないのは、さらなる科学技術の発展です。今より少ないエネルギーで光る電灯や、走る車、今よりも効率のよい発電方法……。子どもたちを勇気づけながら、子どもたちに科学の基礎をしっかりと学んでもらい、知識を基盤とした生き方をしていってもらいたいのです。そして豊かな発想力と創造力を磨き、世界の一員として活躍してもらいたいのです。

　本書は、子どもたちが創造力を発揮できる仕掛けを随所にちりばめました。子どもたちの創造力が、私たちの想像をはるかにしのぐものになることを、心から期待しています。

編著者

NPO法人ガリレオ工房

教師を中心にジャーナリスト、研究者、学生などで構成する科学実験の研究・開発グループ。そのユニークで独創的なアイデアや方法は、各界で高い評価を受けている。雑誌・新聞などでの発表のほか、テレビの科学番組にも企画協力している。また、全国各地での実験教室やサイエンスショーも手がけている。2002年に吉川英治文化賞受賞。同年、NPO法人として認可される。

滝川洋二
（NPO法人ガリレオ工房理事長）

白數哲久
（NPO法人ガリレオ工房副理事長　昭和女子大学准教授）

原口るみ
（NPO法人ガリレオ工房）

執筆者

滝川洋二…………自由研究のすすめ、p40・54・70・88・122・145	伊知地国夫………p68・86・90・129	上田　隆…………p117
	吉田のりまき……p76・114・136	榎本正邦…………p148
白數哲久…………自由研究ガイド、p16・24・33・42・49・56・64・72・74・81・92・95・100・103・108・110・112・122・141	塚本萌太………p20・22・52・88	勝部寅市…………p44
	岩熊孝幸………p124・126	田中昭子…………p38
	川島健治………p54・145	福岡佳樹…………p78
	小岩嘉隆………p26・100	藤井弓子…………p46
古野　博…………p18・30・36・58・62・66・106・112・120・138	安西巻子………p28	にしき…………p84
	稲田大祐…………p132	粟津謙吾…………p18

撮影　伊知地国夫、谷津栄紀

取材協力　株式会社北嶋絞製作所 (p141)

モデル　キャストネット・キッズ (竹内圭哉)　香織、杉野拓磨、環奈、奈々、直太郎

キャラクターイラスト　イシダコウ

イラスト　I.Lu.Ca (品川・藤原・池田)、中村 滋

本文デザイン・DTP　松岡慎吾

DTP　編集室クルー

編集・制作　有限会社ヴュー企画

参考文献

- 『ガリレオ工房の科学遊び PART2 おもしろ実験新ワザ66選』滝川洋二／山村紳一郎編著　実教出版
- 『ガリレオ工房の科学遊び PART3 親子で楽しむ知的刺激実験57選』滝川洋二／古田豊／伊知地国夫編著　実教出版
- 『小学館の図鑑NEO 科学の実験』ガリレオ工房監修　小学館

わかりやすい まとめやすい
小学生の自由研究

2021年7月10日　第1刷発行
2023年6月10日　第3刷発行

編著者　ガリレオ工房
発行者　永岡純一
発行所　株式会社永岡書店
　　　　〒176-8518
　　　　東京都練馬区豊玉上1-7-14
　　　　TEL 03-3992-5155(代表)
　　　　TEL 03-3992-7191(編集)
印　刷　横山印刷
製　本　新寿堂

ISBN978-4-522-43827-5　C8040